极简开发者书库

# 极简Java
## 新手编程之道

关东升◎编著

清华大学出版社
北京

## 内 容 简 介

本书系统论述 Java 编程语言及其实际应用,全书共分为 16 章:第 1~6 章讲解 Java 基本语法;第 7~10 章讲解 Java 面向对象相关知识;第 11~16 章讲解 Java 实用技术。主要内容包括:编写第一个 Java 程序、Java 基本语法、Java 数据类型、运算符、条件语句、循环语句、面向对象基础、面向对象进阶、常用类、Java 集合框架、Java 异常处理机制、I/O 流、图形界面编程、多线程开发、网络编程和 MySQL 数据库编程。另外,每章后面都安排了"动手练一练"实践环节,以帮助读者消化吸收本章知识点,并在附录 A 中提供了参考答案。

本书配有教学课件、源代码与微课视频,并提供在线答疑服务,便于读者高效学习,快速掌握 Java 编程方法。本书适合零基础入门的读者,可作为高等院校和培训机构的教材。

**图书在版编目(CIP)数据**

极简 Java:新手编程之道/关东升编著.—北京:清华大学出版社,2023.4
(极简开发者书库)
ISBN 978-7-302-63294-8

Ⅰ. ①极… Ⅱ. ①关… Ⅲ. ①JAVA 语言-程序设计 Ⅳ. ①TP312.8

中国国家版本馆 CIP 数据核字(2023)第 059289 号

策划编辑:盛东亮
责任编辑:钟志芳
封面设计:赵大羽
责任校对:申晓焕
责任印制:宋 林

出版发行:清华大学出版社
   网 址:http://www.tup.com.cn,http://www.wqbook.com
   地 址:北京清华大学学研大厦 A 座  邮 编:100084
   社 总 机:010-83470000  邮 购:010-62786544
   投稿与读者服务:010-62776969,c-service@tup.tsinghua.edu.cn
   质量反馈:010-62772015,zhiliang@tup.tsinghua.edu.cn
   课件下载:http://www.tup.com.cn,010-83470236
印 装 者:三河市龙大印装有限公司
经 销:全国新华书店
开 本:186mm×240mm  印 张:17    字 数:382 千字
版 次:2023 年 6 月第 1 版      印 次:2023 年 6 月第 1 次印刷
印 数:1~1500
定 价:69.00 元

产品编号:100272-01

# 前言
## PREFACE

写作目的

在编程语言中,Java 语言是作者应用于项目开发和教学实践最多的语言。在 20 多年的职业生涯中,作者带过很多徒弟,教授过很多学员。他们大部分是初学者,亟待有一本能够帮助他们快速入门的 Java 编程图书。作者与多家出版社合作出版过多种形式的图书,如"从小白到大牛系列""漫画系列"等,这些系列图书采用不同风格介绍编程语言。其中,"极简开发者书库"秉承讲解简单、快速入门和易于掌握的原则,是为新手入门而设计的系列图书。

读者对象

本书是一本讲解 Java 语言基础的图书,适合零基础入门的读者,可作为高校和培训机构的教材。

相关资源

为了更好地帮助广大读者,本书提供配套源代码、教学课件、微课视频和在线答疑服务。

如何使用书中配套源代码

本书配套源代码可以在清华大学出版社网站本书页面下载。

下载本书源代码并解压后,会看到如图 1 所示的目录结构,其中 chapter1～chapter16 是本书第 1～16 章的示例代码。

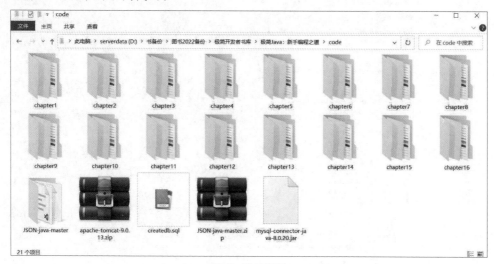

图 1　目录结构

　　配套源代码大部分是通过 IntelliJ IDEA 工具创建的项目，可以通过 IntelliJ IDEA 工具打开。本书每章都有一个 IntelliJ IDEA 项目，如果需要打开，可先找到 ▓ 图标的文件夹，例如 HelloProj 项目文件夹，单击即可打开，如图 2 所示。

图 2　HelloProj 项目

　　使用 IntelliJ IDEA 工具打开各章配套源代码，如图 3 所示，可见对应的小节配套代码，其中 main 文件是主文件。

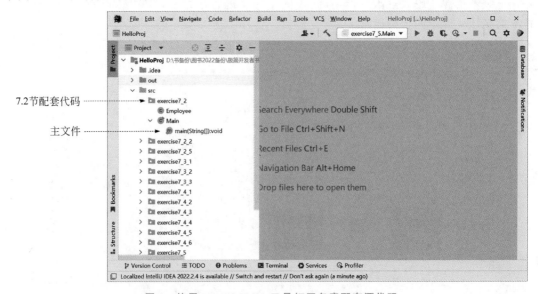

图 3　使用 IntelliJ IDEA 工具打开各章配套源代码

致谢

感谢清华大学出版社盛东亮编辑提出的宝贵意见。感谢智捷课堂团队的赵志荣、赵大羽、关锦华、闫婷娇、王馨然、关秀华和赵浩丞参与本书部分内容的编写。感谢赵浩丞手绘了书中全部插图，并从专业的角度修改书中图片，力求将本书内容更加真实完美地奉献给广大读者。感谢我的家人容忍我的忙碌，正是他们对我的关心和照顾，使我能抽出时间，投入精力专心编写此书。

由于 Java 编程应用不断更新迭代，而作者水平有限，书中难免存在不妥之处，恳请读者提出宝贵修改意见，以便再版时改进。

编　者

2023 年 5 月

# 知 识 结 构
## CONTENT STRUCTURE

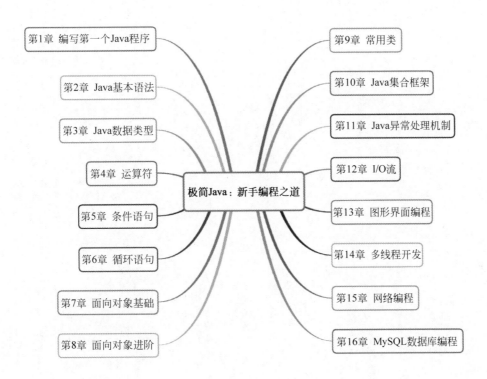

第1章 编写第一个Java程序

第2章 Java基本语法

第3章 Java数据类型

第4章 运算符

第5章 条件语句

第6章 循环语句

第7章 面向对象基础

第8章 面向对象进阶

极简Java：新手编程之道

第9章 常用类

第10章 Java集合框架

第11章 Java异常处理机制

第12章 I/O流

第13章 图形界面编程

第14章 多线程开发

第15章 网络编程

第16章 MySQL数据库编程

# 目录
## CONTENTS

# 编写第一个 Java 程序

Hello World 程序一般是学习编程的第一个程序。本章通过编写 Hello World 程序,介绍 Java 语言的程序结构及运行过程。

## 1.1 JVM、JRE 和 JDK

微课视频

作为 Java 开发人员,应该了解 JVM、JRE 和 JDK 这几个英文缩写词的含义。它们之间的关系如图 1-1 所示,解释如下。

(1) JVM:Java 虚拟机(Java Virtual Machine)。Java 程序运行在 JVM 之上,从而实现 Java 程序的跨平台运行。

(2) JRE:Java 运行时环境(Java Runtime Environment)。JRE 包括 JVM 以及 Java 程序运行所需要的核心库。如果只运行 Java 程序,则安装 JRE 就够用了。

(3) JDK:Java 开发工具包(Java Development Kit)。它是为开发 Java 程序准备的工具,包括 JRE 和 Java 开发工具,其中包括一些命令,如 java、javac、javadoc 和 jar 等。

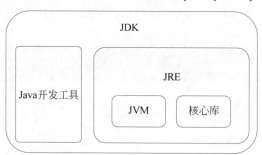

图 1-1　JVM、JRE、JDK 间的关系

开发 Java 程序需要下载和安装 JDK,JDK 的选择需要考虑如下两个问题。

(1) Java 版本。截至本书编写完成,Java 的最新版本是 Java 18。

(2) 操作系统。Java 程序是跨平台的,即与平台无关的,但 JDK 是与平台相关的,不同平台要选择不同的 JDK。

**1. 下载 JDK**

可以到 Oracle 公司网站下载 JDK，下载界面如图 1-2 所示。读者需要根据自己的操作系统情况选择对应的 JDK。如果无法下载，可以在本书配套的软件中找到 JDK 安装文件。配套软件中 JDK 版本为 18.0.2.1，如需其他版本，可以与笔者联系。

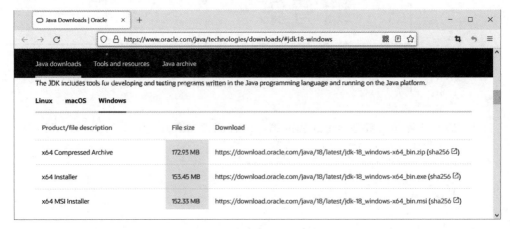

图 1-2　JDK 下载界面

💡 提示：由于书中的截图和配套视频主要基于 Windows 10 版 64 位操作系统，因此推荐使用 Windows 10 版 64 位操作系统作为本书的学习平台。

**2. 安装 JDK**

下载完成后，双击安装文件就可以安装 JDK 了。安装过程中会弹出如图 1-3 所示的安装路径选择对话框，可以单击"更改"按钮改变文件的安装路径，然后单击"下一步"按钮开始安装。安装成功后，将弹出如图 1-4 所示的对话框，单击"关闭"按钮完成安装。

图 1-3　安装路径选择对话框

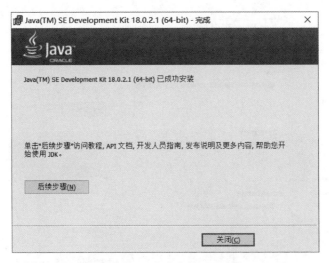

图 1-4　成功安装 JDK

JDK 安装完成之后需要设置环境变量，主要包括以下两步。

（1）设置 JAVA _HOME 环境变量，指向 JDK 目录。因为很多 Java 工具运行需要 JAVA _ HOME 环境变量，所以推荐添加该变量。

（2）将 JDK\bin 目录添加到 Path 环境变量中，这样在任何路径下都可以执行 JDK 提供的工具指令。

首先需要打开 Windows 系统环境变量设置对话框。打开该对话框有多种方式，如果是 Windows 10 系统，则打开步骤是：在计算机桌面右击"此电脑"图标，在弹出的快捷菜单中选择"属性"命令，将弹出如图 1-5 所示的 Windows 系统设置窗口，单击窗口右侧的"高级系统设置"超链接，打开如图 1-6 所示的"系统属性"对话框。

图 1-5　Windows 系统设置窗口

图 1-6 "系统属性"对话框

选择"高级"选项卡，单击"环境变量"按钮打开"环境变量"对话框，如图 1-7 所示，可以在用户变量（图中上半部分，只配置当前用户）或系统变量（图中下半部分，配置所有用户）中添加环境变量。一般在用户变量中添加环境变量。

图 1-7 "环境变量"对话框

　　单击"tony 的用户变量"选项组下方的"新建"按钮,将弹出"编辑用户变量"对话框,如图 1-8 所示。将"变量名"设置为 JAVA_HOME,将"变量值"设置为 JDK 安装路径。最后单击"确定"按钮完成设置。

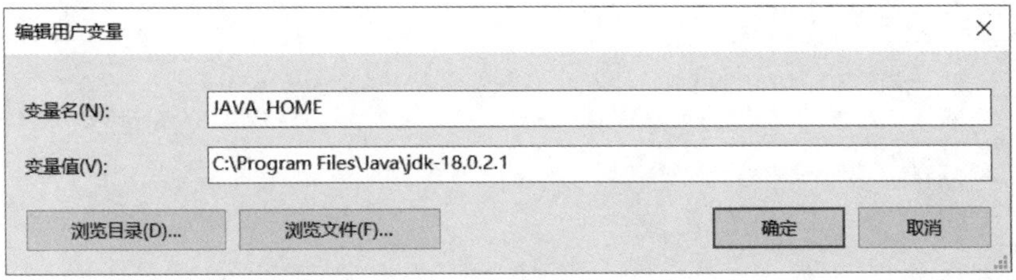

图 1-8　"编辑用户变量"对话框

　　然后追加 Path 环境变量。在"环境变量"对话框中双击刚刚添加的环境变量 Path,将弹出如图 1-9 所示的"编辑环境变量"对话框。单击对话框右侧的"新建"按钮,输入%JAVA_HOME%\bin,最后单击"确定"按钮完成设置。

图 1-9　"编辑环境变量"对话框

　　在命令提示符中输入 java -version 命令,看是否能够找到 Java 版本信息,如果可以找到,则说明环境变量设置成功,如图 1-10 所示。

　　💡提示:按快捷键 Windows＋R 打开如图 1-11 所示的"运行"对话框,在"打开"输入框中输入 cmd 命令,然后按 Enter 键即可打开命令提示符。

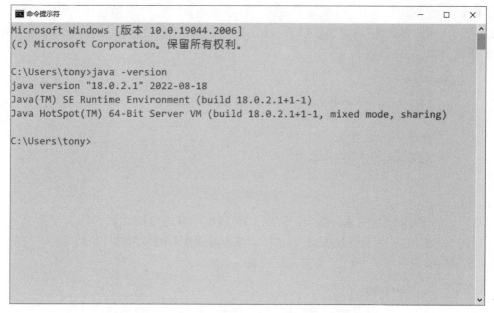

图 1-10　环境变量设置成功

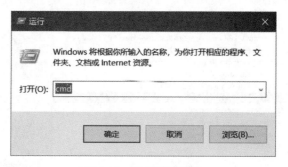

图 1-11　"运行"对话框

## 1.2　编写 Java 程序代码

　　JDK 安装成功后，就可以编写和运行 Java 程序了。在此之前，有必要先熟悉一下 Java 程序运行过程。Java 程序运行过程如图 1-12 所示，首先由编译器将 Java 源程序文件（.java 文件）编译成字节码文件（.class 文件），然后再由 Java 虚拟机中的解释器将字节码解释成机器码执行。

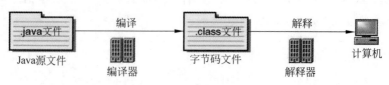

图 1-12　Java 程序运行过程

## 1.3 使用"石器时代"工具编写 Java 代码

Java 代码可以使用任何文本编辑工具编写,笔者把这些文本编辑工具称为"石器时代"工具。这些工具虽然原始,但却有助于初学者了解 Java 程序的编译和运行过程。通过在编辑器中手动输入所有代码,可以快速熟悉常用类和方法。

### 1.3.1 编写程序

Windows 平台下的文本编辑工具有很多,常用的有如下几种。

(1) 记事本:Windows 平台自带的文本编辑工具,关键字不能高亮显示。

(2) EditPlus:历史悠久、强大的文本编辑工具,小巧、轻便、灵活,官网地址为 www.editplus.com。

(3) Sublime Text:近年来发展和壮大的文本编辑工具。所有设置均没有图形界面,需要在 JSON 格式①文件中进行,初学者入门比较难。官网地址为 www.sublimetext.com。

从易用性和版权问题的角度考虑,笔者推荐使用 Sublime Text 工具。读者可以根据自己的喜好选择文本编辑工具。

使用自己喜欢的文本编辑工具,新建文件并保存为 HelloWorld.java,接着在 HelloWorld.java 文件中编写如下代码。

```java
public class HelloWorld {

    public static void main(String[] args) {
        System.out.print("Hello World.");
    }

}
```

### 1.3.2 编译程序

编译程序需要在命令行中使用 JDK 的 javac 命令编写。打开命令提示符工具,如图 1-13 所示,通过 cd 命令进入源文件所在的目录,然后执行 javac 命令。如果没有错误提示,则说明编译成功,成功后会在当前目录下生成类文件,如图 1-14 所示,生成了一个类文件 HelloWorld.class。

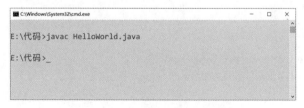

图 1-13 使用 javac 命令编译程序

---

① JSON(JavaScript Object Notation)是一种轻量级的数据交换格式,采用键值对形式,如{"firstName":"John"}。

图 1-14　生成类文件

### 1.3.3　运行程序

程序编译成功之后就可以运行了。执行类文件需要在命令行窗口中执行 JDK 的 java 命令。首先打开命令行窗口，通过 cd 命令进入类文件所在的目录，然后执行 java HelloWorld 命令，在命令行窗口将输出"Hello World."，如图 1-15 所示。

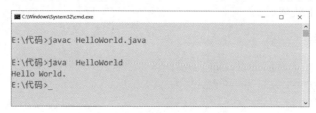

图 1-15　输出"Hello World."

### 1.3.4　代码解释

经过前面的学习，读者应该能够照猫画虎，自己动手编写一个 Java 应用程序了，但可能还是对其中的一些代码不甚了解，下面详细解释 HelloWorld 示例中的代码。

```java
//类定义
public class HelloWorld {                          ①

    //定义静态 main 方法
    public static void main(String[] args) {       ②
        System.out.print("Hello World.");          ③
    }

}
```

代码第①行是定义类，其中 public 修饰符用于声明类是公有的；class 是定义类关键字；HelloWorld 是自定义的类名；后面跟着的"{…}"是类体，类体中会有成员变量和方法，也会有一些静态变量和方法。

代码第②行是定义静态 main 方法。作为一个 Java 应用程序,类中必须包含静态 main 方法,程序执行是从 main 方法开始的。main 方法中除参数名 args 可以自定义外,其他必须严格遵守如下两种格式。

```
public static void main(String args[])
public static void main(String[] args)
```

这两种格式本质上属于同一种,String args[]和 String[] args 都是声明 String 数组。另外,args 参数是程序运行时通过控制台向应用程序传递字符串的参数。

代码第③行 System. out. print("Hello World. ");语句是通过 Java 输出流(PrintStream)对象 System. out 打印"Hello World. "字符串,System. out 是标准输出流对象,默认输出到控制台。输出流中常用的打印方法有以下三种。

(1) print(String s):不换行打印字符串,有多种重载方法,可以打印任意类型数据。

(2) println(String x):换行打印字符串,有多种重载方法,可以打印任意类型数据。

(3) printf(String format, Object… args):使用指定输出格式,打印任意长度的数据,但不换行。

# 1.4　使用"铁器时代"工具编写 Java 代码

微课视频

"石器时代"(记事本+JDK)工具虽然便于学习,但是开发效率很低,也不能用于调试程序代码,真正的企业开发需要使用 IDE(Integrated Development Environments,集成开发环境)工具。Java 的 IDE 工具有很多,笔者推荐使用 IntelliJ IDEA 工具。因为 IDE 工具功能强大,笔者称其为"铁器时代"工具。

IntelliJ IDEA 是 Jetbrains 研发的一款 Java IDE 开发工具。Jetbrains 是捷克的一家软件公司,该公司开发的很多工具好评如潮。

## 1.4.1　IntelliJ IDEA 的下载和安装

IntelliJ IDEA 的下载地址是 https://www. jetbrains. com. cn/idea/。从图 1-16 所示界面可见,IntelliJ IDEA 有两个版本:Ultimate(旗舰版)和 Community(社区版)。旗舰版是收费的,可以免费试用 30 天,超过 30 天则需要购买软件许可(License key);社区版是完全免费的,对于学习 Java 语言,社区版已经足够了。

安装 IntelliJ IDEA 比较简单,笔者下载的是 IntelliJ IDEA 2022 社区版,下载文件是 ideaIC-2022. 2. 2. exe,双击该文件即可开始安装。安装过程中会出现"安装选项"对话框,如图 1-17 所示。选中 Create Desktop Shortcut 选项组中的 IntelliJ IDEA Community Edition 复选框,这会在桌面创建快捷图标。其他选项可以不选。选择完成单击 Next 按钮进行安装。

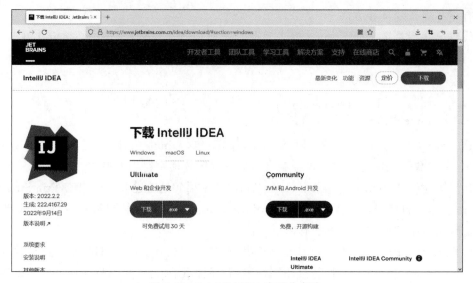

图 1-16　IntelliJ IDEA 有两个版本

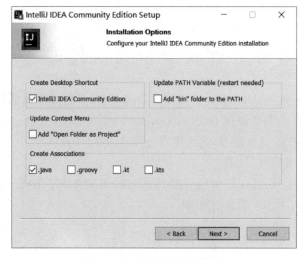

图 1-17　"安装选项"对话框

## 1.4.2　创建项目

在 IntelliJ IDEA 中通过项目（Project）管理 Java 类，因此需要先创建一个 Java 项目，然后在项目中创建一个 Java 类。

IntelliJ IDEA 创建项目步骤如下：

（1）IntelliJ IDEA 第一次启动时，会先启动如图 1-18 所示的欢迎界面，在欢迎界面中单击 New Project 按钮，打开如图 1-19 所示的 New Project 对话框。

（2）输入项目名称，选择项目保存路径，然后单击 Create 按钮完成项目创建，即可进入如图 1-20 所示的 IntelliJ IDEA 工具界面。

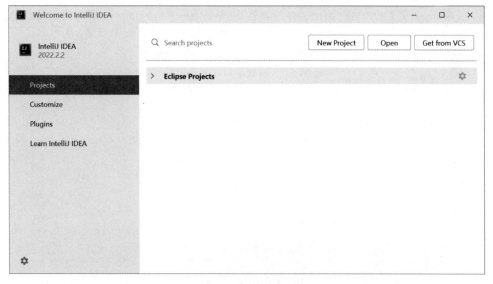

图 1-18 欢迎界面

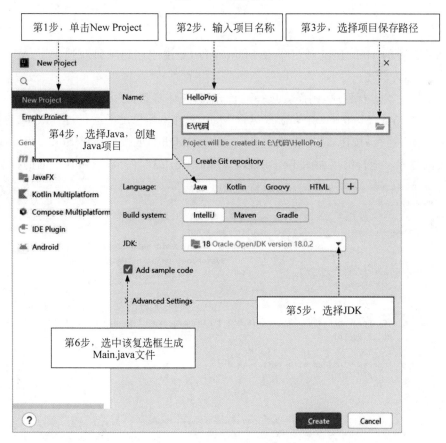

图 1-19 New Project 对话框

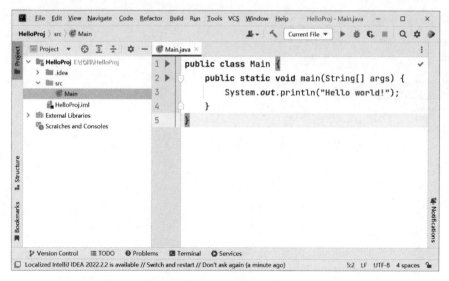

图 1-20 IntelliJ IDEA 工具界面

## 1.4.3 运行程序

在刚刚创建的 HelloProj 项目中有 Main 文件，是由于创建项目时选中了 Add sample code，其代码不再赘述。

如果是第一次运行程序，则需要选择运行方法，具体步骤：右击 Main 文件，在弹出的快捷菜单中选择 Run 'Main. main()'命令运行 Main 文件。如果已经运行过一次，则直接单击工具栏中的 ▶（运行）按钮，或选择命令 Run→Run 'Main'，或按快捷键 Shift＋F10，就可以运行上次的程序。运行结果如图 1-21 所示，"Hello world!"字符串显示在下面的控制台中。

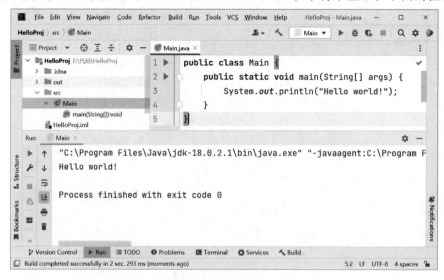

图 1-21 运行结果

## 1.5　Java 语言历史及特点

经过前面的学习,读者应该对 Java 程序有了一定的了解,下面介绍 Java 语言的历史及特点。

### 1.5.1　Java 语言历史

1990 年底,美国 Sun 公司成立了一个叫作 Green 的项目组,该项目组的主要目标是为消费类电子产品开发一种分布式系统,使之能够操控消费类电子产品。

消费类电子产品种类很多,包括掌上电脑、机顶盒、手机等。这些消费类电子产品所采用的处理芯片和操作系统基本上是不同的,存在跨平台的问题。开始时,Green 项目组考虑采用 C++语言编写消费类电子产品的应用程序,但是 C++语言过于复杂、庞大,且安全性差。于是项目组设计并开发出一种新的语言——Oak(橡树)。Oak 这个名字来源于 Green 项目组办公室外的一棵橡树。由于 Oak 商标已经被注册,项目组需要为这种新语言取一个新的名字。有一天,项目组的几位成员正在咖啡馆喝着 Java(爪哇)咖啡,其中一个人灵机一动,说,就叫 Java 怎么样?马上得到了其他人的同意,于是这种新的语言被取名为 Java。

Sun 在 1996 年发布了 Java 1.0,但是用 Java 1.0 开发的应用运行速度很慢,并不适合做真正的应用开发,直到 Java 1.1,速度才有了明显的提升。Java 设计之初是为消费类电子产品开发应用,但是真正使 Java 流行起来是互联网上的 Web 应用程序。20 世纪 90 年代互联网尚处于起步阶段,相关设备差别很大,需要应用程序能够跨平台运行,而 Java 语言就具有"一经编写到处运行"的跨平台能力。

从 Java 10 开始,Oracle 公司加快了 Java 的发布速度,大约每 6 个月发布一个新版本。到本书编写时,Oracle 公司已经发布了 Java 18。

### 1.5.2　Java 语言特点

微课视频

Java 语言能够流行起来并长久不衰,得益于它的很多优秀的关键特点,包括简单、面向对象、分布式、结构中立、可移植、解释执行、健壮、安全、高性能、多线程和动态。

1. 简单

Java 设计目标之一就是方便学习,使用简单。由于当时 C++程序员很多,介绍 C++语言的图书也很多,所以 Java 语言的风格设计为与 C++语言风格类似,但摒弃了 C++中容易引发程序错误的部分,如指针、内存管理、运算符重载和多继承等。这使得 C++程序员可以很快迁移到 Java,而没有编程经验的初学者也能很快学会 Java。

---

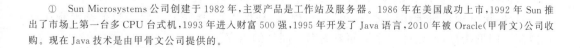

①　Sun Microsystems 公司创建于 1982 年,主要产品是工作站及服务器。1986 年在美国成功上市,1992 年 Sun 推出了市场上第一台多 CPU 台式机,1993 年进入财富 500 强,1995 年开发了 Java 语言,2010 年被 Oracle(甲骨文)公司收购。现在 Java 技术是由甲骨文公司提供的。

### 2. 面向对象

面向对象是 Java 最重要的特性。Java 是彻底的、纯粹的面向对象语言，在 Java 中"一切都是对象"。Java 完全具有面向对象的三个基本特性：封装性、继承性和多态性，其中封装性实现了模块化和信息隐藏；继承性实现了代码的复用，用户可以建立自己的类库，且 Java 采用的是相对简单的面向对象技术，去掉了多继承等复杂的概念，只支持单继承。

### 3. 分布式

Java 语言就是为分布式系统而设计的。JDK(Java development kits，Java 开发工具包)中包含支持 HTTP 和 FTP 等基于 TCP/IP 的类库。Java 程序可以凭借 URL 打开并访问网络上的对象，其访问方式与访问本地文件系统几乎完全相同。

### 4. 结构中立

Java 程序需要在不同网络设备中运行，包括不同类型的计算机和操作系统。为此，Java 编译器编译生成了与机器结构(CPU 和操作系统)无关的字节码(byte-code)文件。任何种类的计算机，只要可以运行 Java 虚拟机，字节码文件就可以在该计算机上运行。

### 5. 可移植

体系结构的中立也使得 Java 程序具有可移植性。针对不同的 CPU 和操作系统，Java 虚拟机有不同的版本，这样就可以保证相同的 Java 字节码文件可以移植到多个不同的平台上运行。

### 6. 解释执行

为实现跨平台，Java 被设计为解释执行，即 Java 源代码文件首先被编译成字节码文件，这些字节码本身包含了许多编译时生成的信息，Java 解释器负责将字节码文件解释成特定的机器码运行。

### 7. 健壮

Java 语言是强类型语言，它在编译时进行代码检查，使得很多错误能够在编译期被发现，不至于在运行期发生而导致系统崩溃。

Java 摒弃了 C++ 中的指针操作。指针是一种强大的技术，能够直接访问内存单元，但同时也很复杂，如果操控不好，会导致内存分配错误、内存泄漏等问题。而 Java 中则不会出现由指针导致的问题。

内存管理方面，C、C++ 等语言采用手动分配和释放内存，经常会导致内存泄漏，从而导致系统崩溃。而 Java 采用自动内存垃圾回收机制，程序员不再需要管理内存，从而减少内存错误的发生，提高了程序的健壮性。

### 8. 安全

在 Java 程序执行过程中，类装载器负责将字节码文件加载到 Java 虚拟机中，这个过程中由字节码校验器检查代码中是否存在非法操作。字节码校验器检验通过后，由 Java 解释器负责把该字节码解释成机器码执行，这种检查可以防止木马病毒。

另外，Java 虚拟机采用的是"沙箱"运行模式，即把 Java 程序的代码和数据都限制在一定内存空间里执行，不允许程序访问该内存空间外的内存。

### 9. 高性能

Java 编译器在编译时会对字节码进行一些优化,生成高质量的代码。Java 字节码格式就是针对机器码转换而设计的,实际转换时相当简便。Java 在解释运行时采用即时编译技术;经过多年的发展,Java 虚拟机也有很多改进,这都有效提升了 Java 程序的执行速度。

### 10. 多线程

Java 是为网络编程而设计的,这要求 Java 能够处理多个并发任务。Java 支持多线程编程,多线程机制可以实现并发处理多个任务,互不干涉,不会由于某一任务处于等待状态而影响了其他任务的执行,这样就可以容易地实现网络上的实时交互操作。

### 11. 动态

Java 应用程序在运行过程中,可以动态地加载各种类库,即使更新类库也不必重新编译使用这一类库的应用程序。这一特点使之非常适合于在网络环境下运行,同时也非常有利于软件的开发。

## 1.6 获取帮助

微课视频

学习 Java 语言的网站和社区有很多,本书中无法一一列举,但是如果读者要立志成为 Java 程序员,必须熟悉 Java API(Application Programming Interface,应用程序编程接口)文档,Java 所有的类和方法都可以在其中查到。

如图 1-22 所示是 Java 18 在线 API 文档,可以在搜索栏中输入主题进行查询。

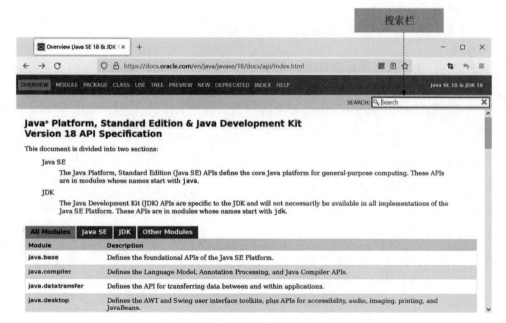

图 1-22　Java 18 在线 API 文档

如果不喜欢使用在线文档，也可以在 Java 官网下载离线文档。本书配套资源中也提供了 Java API 文档离线包，解压 jdk-18_doc-all.zip 文件后找 doc 目录下的 index.html 文件，如图 1-23 所示，双击该文件即可打开 Java API 文档。

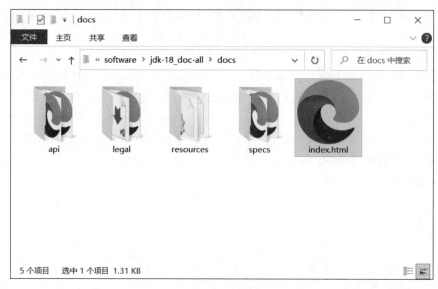

图 1-23　index.html 文件

## 1.7　动手练一练

**编程题**

（1）请使用文本编辑工具编写 Java 应用程序，然后使用 JDK 编译并运行该程序，在控制台输出字符串"世界，你好!"。

（2）请使用 IntelliJ IDEA 工具编写并运行 Java 应用程序，在控制台输出字符串"世界，你好!"。

# 第 2 章

# Java 基本语法

第 1 章介绍了如何编写和运行一个 Hello World 的 Java 程序,读者应该对编写和运行 Java 程序有了一定的了解。本章介绍 Java 中最基础的语法,包括标识符、关键字、语句、变量、常量、注释、源代码文件和包等内容。

## 2.1 程序中的代码元素

微课视频

程序中有很多代码元素,如标识符、关键字和语句等。

### 2.1.1 标识符

在程序中,有一些代码元素,如变量、常量、方法、属性、类、接口和包等,其名称是由程序员指定的,这些由程序员指定的名称就是标识符。构成标识符的字符均有一定的规范,Java语言中标识符的命名规则如下。

(1) 区分大小写,如 Name 和 name 是两个不同的标识符。

(2) 首字符可以是下画线(_)、美元符号($)或字母,但不能是数字。

(3) 首字符之后的字符,可以是下画线(_)、美元符号($)、字母和数字。

(4) 关键字不能作为标识符。

例如,下列标识符 identifier、userName、User_Name、_sys_val、身高和 $ Name 是合法的,而标识符 2mail、room♯ 和 class 是不合法的。

> ⚙提示:上述标识符中,"身高"虽然是中文命名,但也是合法的;2mail 非法的原因是以数字开头,room♯ 非法的原因是包含非法字符♯,class 非法的原因是 class 是关键字。

### 2.1.2 关键字

除了标识符外,程序代码中还有一些有特殊含义的代码元素,就是关键字。截至 Java 18,Java 语言中有 50 多个关键字,如表 2-1 所示。

表 2-1　Java 语言中的关键字

| abstract | assert | boolean | break | byte |
| --- | --- | --- | --- | --- |
| case | catch | char | class | const |
| continue | default | do | double | else |
| enum | extends | final | finally | float |
| for | goto | if | implements | import |
| instanceof | int | interface | long | native |
| new | package | private | protected | public |
| return | strictfp | short | static | super |
| switch | synchronized | this | throw | throws |
| transient | try | void | volatile | while |
| var | record | yield | | |

其中 goto 和 const 是两个特殊的关键字，不能在程序中使用，即不能当作标识符使用，称为"保留字"。

### 2.1.3　语句

语句是代码的重要组成部分。在 Java 语言中，每一条语句结束要加分号（;），多条语句构成代码块，又称复合语句，代码块中可以有 0～n 条语句。示例代码如下：

```
package exercise2_1_3;

//2.1.3 语句
public class Main {

    public static void main(String args[]) {

        int m = 5;
        if (m < 10) {
            System.out.println("< 10");
        }
    }
}
```

## 2.2　变量

变量是构成表达式的重要部分，变量所代表的内容是可以修改的。变量包括变量名和变量值，变量名要遵守标识符命名规范。

在 Java 10 之前，变量的声明语法格式如下：

数据类型　变量名　[ = 初始值];

其中方括号[]中的内容可以省略，即声明变量时可以不提供初始值，如果没有提供初始值，则使用该数据类型的默认值初始化变量。

在 Java 10 之前,声明变量必须明确知道变量的数据类型,但 Java 10 之后,声明局部变量时可以使用 var,不用明确指定数据类型。

在 Java 10 之后变量的声明语法格式如下:

var 变量名 = 初始值;

使用 var 关键字声明变量,声明的同时要初始化。注意,var 只能声明局部变量,不能声明成员变量。

示例代码如下:

```java
package exercise2_2;

//2.2 变量
public class Main {

    int mVar = 100;                 // 声明成员变量                              ①

    public static void main(String args[]) {

        int m;                      // 声明 int 型局部变量 m,但没有初始化          ②
        double d = 3.1415926;       // 声明 double 型局部变量 d,并初始化
        m = 10;                     // 给 m 变量赋值
        var y = 1.90;               // 使用 var 声明局部变量 y,它是 double 类型      ③
        System.out.printf("x = %d%n", m);                                      ④
        System.out.printf("x = %.3f,y = %.3f%n", d, y);                        ⑤
    }
}
```

上述代码第①行是声明成员变量,成员变量是指隶属于 Main 这个类实例的变量;代码第②行声明局部变量 m,局部变量是在方法等代码块中声明的,它没初始化。代码第③行通过 var 声明局部变量 y,这条语句只能在 Java 10 之后使用,Java 编译器会根据被赋初始值的数据类型推断,因为初始值 1.90 是 double 类型,所以 y 变量是 double 类型;代码第④行和第⑤行都是通过 System.out 的 printf()打印数据,其中%d%n、%.3f%n 和.3f 都是格式化转换符,如表 2-2 所示。

表 2-2　格式化转换符

| 格式化转换符 | 说　　明 |
| --- | --- |
| %s | 字符串格式化 |
| %c | 单个字符 |
| %d | 十进制整数 |
| %f | 浮点数,例如".3f"表示保留小数位后 3 位 |
| %o | 八进制数 |
| %e、%E | 科学记数法表示浮点数 |
| %n | 换行符 |
| %% | 输出百分号% |

上述代码运行结果如下：

```
x = 10
x = 3.142,y = 1.900000E + 00
```

## 2.3　常量

在 Java 语言中，常量事实上是内容不能被修改的变量。与变量类似，常量也需要初始化，即在声明常量的同时要为其赋一个初始值。常量一旦初始化就不可以修改。常量的声明格式如下：

final 数据类型 常量名 = 初始值;

final 关键字表示最终的，它如果修饰变量，则该变量就变成了常量。示例代码如下：

```
package exercise2_3;

//2.3 常量
public class Main {

    public static final double PI = Math.PI;      // 声明常量 PT          ①
    final int m = 10;                             // 声明成员常量

    public static void main(String args[]) {
        final var n = 3.3;                        // 使用 var 声明局部常量   ②
        System.out.printf("π = %.8f %n", PI);
        System.out.printf("n = %f %n", n);
    }
}
```

上述代码第①行声明常量 PI，初始值 Math.PI，它是 Math 类中的 PI 常量；代码第②行通过 var 关键字声明局部常量。

上述代码运行结果如下：

```
π = 3.14159265
n = 3.300000
```

## 2.4　注释

Java 中注释的语法有三种：文档注释(/ ** … * /)、单行注释(//)与多行注释(/ * … * /)。

### 2.4.1　文档注释

文档注释就是指这种注释内容能够生成 API 帮助文档，JDK 中 javadoc 命令能够提取这些注释信息并生成 HTML 文件。文档注释主要用于对类(或接口)、实例变量、静态变量、实例方法和静态方法等进行注释。文档注释一般是给一些看不到源代码的人看的帮助文档。

## 2.4.2　单行注释与多行注释

程序代码中还需要在一些关键的地方添加注释,一般采用单行注释(//)和多行注释(/ * … * /),供阅读源代码的人参考。

示例代码如下:

```java
public class Date extends java.util.Date {

    // DEFAULT_CAPACITY 表示默认的容量,是一个常量                      ①
    private static final int DEFAULT_CAPACITY = 10;

    /**
     * 容量
     */
    public int size;

    /**
     * 将字符串转换为 Date 日期对象
     * @param s 要转换的字符串
     * @return Date 日期对象
     */
    public static Date valueOf(String s) {

        final int YEAR_LENGTH = 4;
        final int MONTH_LENGTH = 2;

        int firstDash;
        int secondDash;

        Date d = null;
        ...

        /*                                                          ②
         * 判断 d 是否为空
         * 如果为空,则抛出异常 IllegalArgumentException,否则返回 d
         */
        if (d == null) {
            throw new java.lang.IllegalArgumentException();
        }

        return d;
    }

    /**
     * 将日期转换为 yyyy - mm - dd 格式的字符串
     * @return yyyy - mm - dd 格式的字符串
     */
    public String toString () {
        int year = super.getYear() + 1900;          //计算年份        ③
```

```
            int month = super.getMonth() + 1;        /*计算月份*/        ④
            int day = super.getDate();
            ...
        }
    }
```

上述代码第①行采用单行注释，要求与其后的代码采用相同的缩进层级。如果注释的文字很多，则可以采用多行注释，见代码第②行。多行注释也要求与其后的代码采用相同的缩进层级。有时也会在代码的尾端进行注释，这要求注释内容极短，且有足够的空白分隔代码和注释，见代码第③行和第④行。

微课视频

## 2.5　Java 源文件组织方式

### 2.5.1　源文件

Java 源文件(.java)中可以包含的内容如图 2-1 所示，在一个源文件中可以定义一个或多个 Java 类型，包括类(Class)、接口(Interface)、枚举(Enum)和注解(Annotation)，一个 Java 类型是 Java 的最小源文件组织单位。

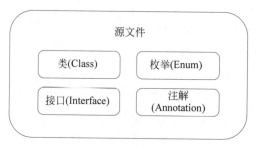

图 2-1　Java 源文件

如下所示为 Main.java 源文件。

```
//Main.java源文件
package exercise2_5_1;

public class Main {
    //声明Main类
    public static void main(String args[]) {
        System.out.println("Hello Main!");
    }
}

//声明HelloWorld类
class HelloWorld {
    public static void main(String[] args) {
        System.out.println("Hello World!");
    }
}
```

```
//声明 Xyz 类
class Xyz {
}

//声明 Abc 接口
interface Abc {
}
```

上述代码运行结果如下：

```
Hello Main!
```

上述 Main.java 源文件中声明了三个类：Main、HelloWorld 和 Xyz，以及一个接口 Abc。虽然声明了多个类，但只能有一个类是公有（public）的。另外，Main 和 HelloWorld 类中都包含了 main()方法，但是能作为程序入口的 main()方法只能是公有类所在的 main()方法，所以上述代码运行时进入的是 Main 类的 main()方法。

### 2.5.2 包

Java 类型（类、接口、枚举和注解）被命名时，有时会发生名字冲突，为此在 Java 中引用了包（package）的概念，在包中可以定义一组相关的类型（类、接口、枚举和注解），并为它们提供访问保护和命名空间管理。

#### 1. 声明包

在 Java 中使用 package 语句声明包。package 语句应该放在源文件除了注释以外的第一行。每个源文件中只能有一个包定义语句，package 语句适用于所有 Java 类型（类、接口、枚举和注解）的文件。声明包的语法格式如下：

```
package pkg1[.pkg2[.pkg3...]];
```

pkg1～pkg3 都是组成包名的一部分，之间用点（.）连接。它们的命名要求是合法的标识符，并需遵守 Java 包命名规范，即全部用小写字母。例如：com.abc 是自定义的包名。

声明包的示例代码如下：

```
//Student.java 源文件
package com.abc;          // 声明包 com.abc

class Student {

}

//声明 HelloWorld 类
class HelloWorld {
}

//声明 Xyz 类
class Xyz {
}
```

上述代码可在 Student.java 源文件中找到，文件名为"声明 com.abc 包"。

事实上，在 HelloProj 项目中包含多个相同名字的类（如 Xyz 类），它们应该在不同的包中，如图 2-2 所示。

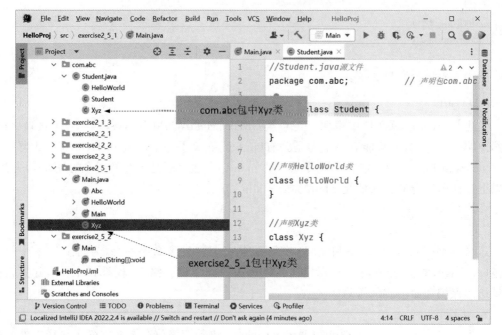

图 2-2　HelloProj 项目中包含多个同名类

### 2．引入包

为了能够使用一个包中的 Java 类型（类、接口、枚举和注解），需要在 Java 程序中明确引入该包。使用 import 语句实现引入包，import 语句应位于 package 语句之后、所有类的定义之前。一个程序中可以有 0～n 条 import 语句，其语法格式为：

```
import package1[.package2…].(Java 类型名|＊);
```

"包名.类型名"的形式只引入具体 Java 类型；"包名.＊"采用通配符，表示引入这个包下的所有 Java 类型。但从编程规范的角度，提倡明确引入 Java 类型名，即采用"包名.Java 类型名"的形式，以提高程序的可读性。

示例代码如下：

```
//Main.java 源文件
package exercise2_5_2;

import com.abc.＊;              // 引入 com.abc 包中的所有类型        ①
import com.abc.Student;         // 只引入 com.abc 包中的 Student 类    ②
import java.util.Date;          // 引入 java.util 包中的 Date 类       ③

public class Main {
```

```
public static void main(String args[]) {

    Student student = new Student();     // 创建 student 对象
    System.out.println(student);
    Date date1 = new Date();
    System.out.println(date1);                   // 创建 date1 对象
    java.sql.Date date2 = new java.sql.Date(12345)                              ④
    System.out.println(date2);
    }
}
```

引入包的代码应该放在 package 语句之后,见代码第①～③行。注意代码第①行使用了通配符(＊)引入 com.abc 包中的所有类型,但这种做法一般不推荐,因为它的可读性差。推荐采用代码第②行的方式引入具体的类型。

另外,需要注意的是,在引入的类名中也可能会有冲突,例如,在 java.util 和 java.sql 包中都有 Date 类,所以在使用时还可以指定类的全名,见代码第④行 java.sql.Date()。

---

💡**注意**:当源文件与要使用的 Java 类型(类、接口、枚举和注解)在同一个包中时,可以不引入包。另外,java.lang 包中包含 Java 语言的核心类,不需要显式地使用 import 语句引入,将由解释器自动引入。

---

## 2.6 动手练一练

**1. 选择题**

(1) 下面哪些是 Java 的保留字?（          ）

    A. if               B. then              C. goto              D. while

    E. case

(2) 下面哪些是 Java 的合法标识符?（          ）

    A. 2variable        B. variable2        C. _whatavariable    D. _3_

    E. $ anothervar       F. ♯myvar

**2. 判断题**

(1) 在 Java 语言中,一行代码表示一条语句。语句结束可以加分号,也可以省略分号。（          ）

(2) Java 语言中的保留字只有两个,即 goto 和 const。可以使用保留字声明变量。（          ）

# 第3章

# Java 数据类型

在声明变量或常量时会用到数据类型,本章介绍 Java 语言的数据类型。Java 语言的数据类型可分为基本数据类型和引用数据类型。

## 3.1 基本数据类型

基本数据类型分为 4 大类,共 8 种数据类型。

(1) 整数类型: byte、short、int 和 long。

(2) 浮点类型: float 和 double。

(3) 字符类型: char。

(4) 布尔类型: boolean,它只有 true 和 false 两个值。

下面主要介绍前三种数据类型。

### 3.1.1 整数类型

微课视频

Java 语言的整数类型包括 byte、short、int 和 long,它们之间的区别在于占用计算机内部的内存空间(数据长度)不同,如表 3-1 所示。

表 3-1 整数类型

| 整 数 类 型 | 长 度 | 取 值 范 围 |
| --- | --- | --- |
| byte | 1 字节(8 位) | $-128 \sim 127$ |
| short | 2 字节(16 位) | $-2^{15} \sim 2^{15}-1$ |
| int | 4 字节(32 位) | $-2^{31} \sim 2^{31}-1$ |
| long | 8 字节(64 位) | $-2^{63} \sim 2^{63}-1$ |

Java 语言的整数类型默认是 int 类型,例如 10 表示为 int 类型整数 10,而不是 short 或 byte 类型,而 10L(或 10l)表示 long 类型的整数 10,就是在 10 后面加上 l(小写英文字母)或 L(大写英文字母)。

整数常量还可以使用二进制数、八进制数和十六进制数表示,表示方式分别如下。

(1) 二进制数: 以 0b 或 0B 为前缀,注意 0 是阿拉伯数字,不要误认为是英文字母 o。

（2）八进制数：以 0 为前缀，注意 0 是阿拉伯数字。

（3）十六进制数：以 0x 或 0X 为前缀，注意 0 是阿拉伯数字。

使用整数示例代码如下：

```
package exercise3_1_1;

//3.1.1 整数类型
public class Main {

    public static void main(String args[]) {
        byte myNum1 = 128;              // 编译错误
        byte myNum2 = 125;
        short myNum3 = 5000;
        int myNum4 = 5000;
        long myNum5 = 10L;              // 声明 long 类型变量
        long myNum6 = 10l;              // 声明 long 类型变量

        int decimalInt = 10;
        byte binaryInt1 = 0b1010;
        short binaryInt2 = 0B11100;
        long octalInt = 012;
        byte hexadecimalInt = 0xA;
    }
}
```

💡提示：程序代码中尽量不用小写英文字母 l，因为它容易与数字 1 混淆。在 Java 中表示 long 类型整数时很少使用小写英文字母 l，而是使用大写的英文字母 L。例如，10L 比 10l 可读性更强。

## 3.1.2　浮点类型

浮点类型主要用来存储小数。Java 浮点类型包括单精度浮点类型（float）和双精度浮点类型（double），二者区别在于占用内存空间不同。浮点类型说明如表 3-2 所示。

微课视频

表 3-2　浮点类型说明

| 浮 点 类 型 | 长　　度 |
| --- | --- |
| float | 4 字节（32 位） |
| double | 8 字节（64 位） |

Java 语言的浮点类型默认是 double 类型，例如 0.0 表示 double 类型常量，而不是 float 类型常量。如果想要表示 float 类型，则需要在数值后面加 f 或 F。

另外，浮点数据可以使用小数表示，也可以使用科学记数法表示，科学记数法中会使用大写或小写的 e 加数字表示 10 的指数，如 e2 表示 $10^2$。

浮点类型示例代码如下：

```
package exercise3_1_2;
```

```java
//3.1.2 浮点类型
public class Main {

    public static void main(String args[]) {

        float float1 = 0.0f;              // 数值后加 f 表示 float
        float float2 = 2F;                // 数值后加 F 也表示 float
        double float3 = 2.1543276e2;      // 科学记数法表示浮点数
        double float4 = 2.1543276e-2;     // 科学记数法表示浮点数
        double double1 = 0.0;             // 0.0 默认是 double 数
        double double2 = 0.0d;            // 数值后加 d 表示 double
        double double3 = 0.0D;            // 数值后加 D 也表示 double
    }
}
```

微课视频

### 3.1.3  字符类型

字符类型表示单个字符，Java 中用 char 声明字符类型，Java 中的字符常量必须包裹在单引号（'）中。

Java 字符采用双字节 Unicode 编码，占两字节（16 位），因而可用十六进制（无符号的）编码形式表示，表现形式是\un，其中 n 为 16 位十六进制数，所以 'B' 字符也可以用 Unicode 编码 '\u0042' 表示。

示例代码如下：

```java
package exercise3_1_3;

//3.1.3 字符类型
public class Main {

    public static void main(String args[]) {

        char letter1 = 'B';
        char letter2 = '\u0042';          // Unicode 编码表示的字符
        char letter3 = '斯';              // 汉字字符
        int letter4 = 65;
        int int1 = 'B' + 3;               // 字符类型可以进行数学计算

        System.out.printf("letter1:%s%n", letter1);
        System.out.printf("letter2:%s%n", letter2);
        System.out.printf("letter3:%s%n", letter3);
        System.out.printf("letter4:%c%n", letter4);   // %c 将整数格式转换为字符输出
        System.out.printf("int1:%c%n", int1);
    }
}
```

上述示例代码运行结果如下：

```
letter1:B
letter2:B
```

letter3:斯
letter4:A
int1:E

从运行结果可见,变量 letter1 和 letter2 保存了相同的字符。

---

💡提示:字符类型也属于数值类型,可以与 int 等数值类型进行数学计算或进行转换。这是因为字符类型在计算机中保存的是 Unicode 编码,双字节 Unicode 的存储范围为 \u0000～\uFFFF,所以 char 类型取值范围为 $0～2^{16}-1$。

---

## 3.2 数据类型转换

微课视频

数据类型转换比较复杂。基本数据类型中 byte、short、char、int、long、float 和 double 都属于数值型数据,可以相互转换,但它们不能与布尔类型数据相互转换。数据类型转换分为自动类型转换和强制类型转换。

### 3.2.1 自动类型转换

自动类型转换就是数据类型之间的转换是自动进行的,小范围数据类型可以自动转换为大范围数据类型,转换规则如下。

(1)数值型数据的转换:byte→short→int→long→float→double 自动转换。

(2)字符型数据转换为整型数据:char→int 自动转换,char 也可转换为 long、float 和 double。

char 比较特殊,可自动转换为 int、long、float 和 double,但 byte 和 short 不能自动转换为 char,char 也不能自动转换为 byte 或 short。

自动类型转换不仅在赋值过程中发生,在进行数学计算时也会发生自动类型转换。在运算中往往是先将数据类型转换为同一类型,然后再进行计算,转换规则如表 3-3 所示。

表 3-3 自动类型转换规则

| 操作数 1 类型 | 操作数 2 类型 | 转换后的类型 |
|---|---|---|
| byte、short、char | int | int |
| byte、short、char、int | long | long |
| byte、short、char、int、long | float | float |
| byte、short、char、int、long、float | double | double |

示例代码如下:

```
package exercise3_2_1;
//3.2.1 自动类型转换

public class Main {
```

```java
public static void main(String args[ ]) {
    int decimalInt = 10;
    byte byteInt = 0b1010;
    short shortInt = byteInt;                     // byte 类型转换为 short 类型
    System.out.println(getType(shortInt));        // 打印 java.lang.Short
    long longInt = shortInt;                      // short 类型转换为 long 类型
    System.out.println(getType(longInt));         // 打印 java.lang.Long

    char charNum = 'C';
    decimalInt = charNum;                         // char 类型转换为 int 类型
    System.out.println(getType(decimalInt));      // 打印 java.lang.Integer
    float floatNum = longInt,                     // long 类型转换为 float 类型
    System.out.println(getType(floatNum));        // 打印 java.lang.Float
    double doubleNum = floatNum;                   // float 类型转换为 double 类型
    System.out.println(getType(doubleNum));       // 打印 java.lang.Double

    //表达式计算后类型是 double
    double res = floatNum * floatNum + doubleNum / charNum;
    System.out.println(getType(res));             // 打印 java.lang.Double
}

// 返回变量类型
private static String getType(Object obj) {       ①
    return obj.getClass().getName();              ②
}
}
```

上述代码第①行是自定义的方法 getType()，其中 Object 是对象类，是所有类的根，在Java 中所有类都直接或间接属于 Object 类。代码第②行的 getClass()方法获得参数 obj 的类型，这个方法是由 Object 类提供的。

## 3.2.2　强制类型转换

在数据类型转换过程中，除了需要自动类型转换外，有时还需要强制类型转换。强制类型转换通过在变量或常量之前加上"（目标类型）"实现。

示例代码如下：

```java
package exercise3_2_2;
//3.2.2 强制类型转换

public class Main {

    public static void main(String args[ ]) {
        int decimalInt = 10;
        byte byteInt = (byte) decimalInt;     // 将 int 类型强制转换为 byte 类型
        double float1 = 2.1543276e2;
        long longInt = (long) float1;         // 将 float 类型强制转换为 long 类型
        System.out.println(longInt);          // 输出 215，小数部分被截掉
        float float2 = (float) float1;        // 将 double 类型强制转换为 float 类型
```

```
        long long1 = 999999999999L;
        int int1 = (int) long1;              // 将 long 类型强制转换为 int 类型,精度丢失　①
        System.out.println(int1);            // - 727379969
    }
}
```

上述代码第①行在运行强制类型转换时发生了精度丢失,这是因为 long1 变量太大,当字节长度大的数值转换为字节长度小的数值时,大数值的高位被截掉,这样就会导致数据精度丢失。

上述示例代码运行结果如下:

```
- 727379969
```

## 3.3　引用数据类型

在 Java 中除了 8 种基本数据类型外,其他数据类型一般是引用(reference)数据类型,引用数据类型用来表示复杂数据类型,引用数据类型包含类、接口、枚举和数组。

---

💡提示:Java 中的引用数据类型相当于 C 语言中的指针(pointer)类型。事实上引用就是指针,是指向一个对象的内存地址。引用数据类型变量中保持的是指向对象的内存地址。很多资料上提到 Java 不支持指针,事实上是不支持指针计算,而指针类型还是保留了下来,只是在 Java 中称为引用类型。

---

引用数据类型示例如下:

```
package exercise3_3;
//3.3 引用数据类型

public class Main {

    public static void main(String args[]) {

        String s1 = "Hello";              // "Hello"会创建字符串对象,把引用赋值给 s1
        String s2 = s1;                   // 把引用 s1 赋值给 s2,s1 和 s2 引用相同
        System.out.println(s1 == s2);     // 比较两个引用是否指向相同的对象,返回 true

        System.out.printf("s1:% s % n",s1);
        System.out.printf("s2:% s % n",s2);
    }
}
```

示例运行结果如下:

```
true
s1:Hello
s2:Hello
```

## 3.4 字符串类型

由字符组成的一串字符序列，称为字符串。在前面的章节中多次用到了字符串，本节重点介绍。

### 3.4.1 字符串表示方式

Java中字符串采用双引号" "包裹起来表示。示例代码如下：

```
package exercise3_4_1;
//3.4.1 字符串表示方式

public class Main {

    public static void main(String args[]) {

        String s1 = "Hello World";
        String s2 = "\u0048\u0065\u006c\u006c\u006f\u0020\u0057\u006f\u0072\u006c\u0064";
        String s3 = "世界你好";
        String s4 = "B";                    // "B"表示字符串B,而不是字符B
        String s5 = "";                     // 空字符串

        System.out.printf("s1:%s%n", s1);
        System.out.printf("s2:%s%n", s2);
    }
}
```

上述代码执行结果如下：

```
s1:Hello World
s2:Hello World
```

从运行结果可见，s1和s2存储的都是"Hello World"字符串，其中s2采用Unicode编码表示。需要注意的是，s5表示的空字符串也会占用内存空间，只是它的字符内容为空，字符串长度为0。

### 3.4.2 转义符

微课视频

如果想在字符串中包含一些特殊的字符，例如换行符、制表符等，在普通字符串中则需要转义，前面要加上反斜杠"\"，这称为转义符。表3-4是常用的转义符。

表3-4 常用的转义符

| 字符表示 | Unicode编码 | 说　　明 | 字符表示 | Unicode编码 | 说　　明 |
|---|---|---|---|---|---|
| \t | \u0009 | 水平制表符 | \" | \u0022 | 双引号 |
| \n | \u000a | 换行 | \' | \u0027 | 单引号 |
| \r | \u000d | 回车 | \\ | \u005c | 反斜线 |

示例代码如下：

```
package exercise3_4_2;
//3.4.2 转义符

public class Main {

    public static void main(String args[]) {

        String s1 = "\"世界\"你好!";        // 转义双引号
        String s2 = "\'世界\'你好!";        // 转义单引号
        String s3 = "Hello\t World";      // 转义制表符
        String s4 = "Hello\\ World";      // 转义反斜线制表符
        String s5 = "Hello\n World";      // 转义换行符

        System.out.printf("s1:%s%n", s1);
        System.out.printf("s2:%s%n", s2);
        System.out.printf("s3:%s%n", s3);
        System.out.printf("s4:%s%n", s4);
        System.out.printf("s5:%s%n", s5);
    }
}
```

上述代码执行结果如下：

```
s1:"世界"你好!
s2:'世界'你好!
s3:Hello  World
s4:Hello\ World
s5:Hello
World
```

## 3.4.3　使用 Java 13 的文本块

微课视频

如果字符串中有很多特殊字符都需要转义，那么使用转义符就非常麻烦，也不美观。Java 13 推出了文本块，可以输入多行字符串而不需要转义，文本块使用三重双引号"""""""包裹起来。

例如，在编写数据库程序时会用到 SQL 语句，为了格式化如下格式的 SQL 字符串：

```
SELECT "EMP_ID", "LAST_NAME" FROM "EMPLOYEE_TB"
WHERE "CITY" = 'INDIANAPOLIS'
ORDER BY "EMP_ID", "LAST_NAME";
```

可以使用文本块实现，代码如下：

```
package exercise3_4_3;
//3.4.3 使用 Java 13 的文本块

public class Main {
```

```java
public static void main(String args[]) {
    // 采用普通字符串表示字符串
    String query1 = "SELECT \"EMP_ID\", \"LAST_NAME\" FROM \"EMPLOYEE_TB\"\n" +
            "WHERE \"CITY\" = 'INDIANAPOLIS'\n" +
            "ORDER BY \"EMP_ID\", \"LAST_NAME\";\n";

    System.out.println(query1);
    // 采用文本块表示字符串
    String query2 = """
            SELECT "EMP_ID", "LAST_NAME" FROM "EMPLOYEE_TB"
            WHERE "CITY" = 'INDIANAPOLIS'
            ORDER BY "EMP_ID", "LAST_NAME";
                            """;

    System.out.println(query2);
    }
}
```

上述代码中声明的字符串 query1 是普通字符串表示，而 query2 是采用文本块表示的字符串，其中包括换行符，不需要使用“\n”进行转义，此外，制表符“\t”等也不需要进行转义。

### 3.4.4　字符串常用操作

#### 1. 字符串连接

字符串虽然是不可变字符串，但也可以进行连接，只是会产生一个新的对象。字符串连接可以使用＋运算符或 String 的 concat(String str) 方法。＋运算符的优势是可以连接任何类型数据并拼接成为字符串，而 concat 方法只能连接 String 类型字符串。

字符串连接示例如下：

```java
package exercise3_4_4;
//3.4.4 字符串常用操作
//1.字符串连接

public class Main_1 {

    public static void main(String args[]) {
        String s1 = "Hello";
        String s2 = s1 + " ";                // 使用 + 运算符连接
        String s3 = s2 + "World";            // 使用 + 运算符连接
        System.out.println(s3);

        String s4 = "Hello";
        s4 += " ";                           // 使用 + 运算符连接,支持 += 赋值运算符
        s4 += "World";
        System.out.println(s4);

        String s5 = "Hello";
```

```
        s5 = s5.concat(" ").concat("World");  // 使用 concat 方法连接
        System.out.println(s5);
    }
}
```

程序运行结果如下：

```
Hello World
Hello World
Hello World
```

### 2. 字符串查找

在给定的字符串中查找字符或字符串是比较常见的操作。在 String 类中提供了 indexOf 和 lastIndexOf 方法，用于查找字符或字符串，返回值是查找的字符或字符串所在的位置，−1 表示没有找到。这两个方法有多个重载版本，重载的方法名相同，参数列表不同。有关重载的方法将在第 7 章介绍。

indexOf 方法从前往后查找字符串。例如：

（1）int indexOf(int ch)：从前往后搜索字符 ch，返回第一次找到字符 ch 处的索引。

（2）int indexOf(int ch,int fromIndex)：由指定的索引开始从前往后搜索字符 ch，返回第一次找到字符 ch 处的索引。

（3）int indexOf(String str)：从前往后搜索字符串 str，返回第一次找到字符串 str 处的索引。

（4）int indexOf(String str,int fromIndex)：从指定的索引开始从前往后搜索字符串 str，返回第一次找到字符串 str 处的索引。

lastIndexOf 方法从后往前查找字符串。

（1）int lastIndexOf(int ch)：从后往前搜索字符 ch，返回第一次找到字符 ch 处的索引。

（2）int lastIndexOf(int ch,int fromIndex)：从指定的索引开始从后往前搜索字符 ch，返回第一次找到字符 ch 所在处的索引。

（3）int lastIndexOf(String str)：从后往前搜索字符串 str，返回第一次找到字符串 str 处的索引。

（4）int lastIndexOf(String str,int fromIndex)：从指定的索引开始从后往前搜索字符串 str，返回第一次找到字符串 str 处的索引。

---

💡 提示：字符串本质上是字符数组，因此它也有索引，索引从 0 开始。String 的 charAt(int index) 方法可以返回索引 index 所在位置的字符。

---

字符串查找示例代码如下：

```
package exercise3_4_4;
//3.4.4 字符串常用操作
//2. 字符串查找
```

```java
public class Main_2 {

    public static void main(String args[]) {
        // 声明元素字符串
        String originalStr = "Hello World! 世界你好,世界你好!";
        int len = originalStr.length();                    //获得字符串长度
        System.out.println(len);
        //获得索引位置 16 的字符
        char ch = originalStr.charAt(20);
        System.out.println(ch);

        int firstChar1 = originalStr.indexOf('l');         // 2
        int lastChar1 = originalStr.lastIndexOf('l');      // 9
        int firstStr1 = originalStr.indexOf("World");      // 6
        int lastStr1 = originalStr.lastIndexOf("World");   // 6
        int firstStr2 = originalStr.indexOf("世界", 5);     // 13
        int lastStr2 = originalStr.lastIndexOf("世界", 5);  // -1        ①

    }
}
```

originalStr 字符串的索引如图 3-1 所示。上述代码第①行中,由索引为 5 的位置从后往前查找,由于没有找到目标字符串,所以返回值为一1。

| 索引 | 0 | 1 | 2 | 3 | 4 | 5 | 6 | 7 | 8 | 9 | 10 | 11 | 12 | 13 | 14 | 15 | 16 | 17 | 18 | 19 | 20 | 21 | 22 |
|---|---|---|---|---|---|---|---|---|---|---|---|---|---|---|---|---|---|---|---|---|---|---|---|
| 字符串 | H | e | l | l | o |  | W | o | r | l | d | ! |  | 世 | 界 | 你 | 好 | , | 世 | 界 | 你 | 好 | ! |

图 3-1　originalStr 字符串索引

### 3. 字符串比较

字符串比较是常见的操作,包括比较字符串内容是否相等,比较字符串后缀和前缀等。

(1) boolean equals(Object anObject)：比较两个字符串中内容是否相等。

(2) boolean equalsIgnoreCase(String anotherString)：类似 equals()方法,只是忽略字符串大小写。

(3) boolean endsWith(String suffix)：测试此字符串是否以指定的后缀结束。

(4) boolean startsWith(String prefix)：测试此字符串是否以指定的前缀开始。

示例代码如下：

```java
package exercise3_4_4;
//3.4.4 字符串常用操作
//3.字符串比较

public class Main_3 {

    public static void main(String args[]) {

        String s1 = new String("你好");           // 通过 new 运算符创建字符串对象 s1
        String s2 = new String("你好");           // 创建字符串对象 s2
```

```
        String s3 = "你好";                    // 创建字符串对象 s3 并赋值
        String s4 = "你好";                    // 创建字符串对象 s4
        // 比较字符串是否是相同的引用
        System.out.println("s1 == s2 : " + (s1 == s2));
        // 比较字符串内容是否相等
        System.out.println("s1.equals(s2) : "
                + (s1.equals(s2)));

        // 比较字符串是否是相同的引用
        System.out.println("s3 == s3 : " + (s3 == s3));
        // 比较字符串内容是否相等
        System.out.println("s4.equals(s4) : "
                + (s3.equals(s4)));

        String s5 = "HELlo";
        // 忽略字符串大小写,比较字符串内容是否相等
        System.out.println("\"hello\".equalsIgnoreCase(s5) : "
                + (s5.equalsIgnoreCase("hello")));

        String fileName = "JavaBean.java";            // 声明文件字符串变量
        System.out.println(fileName.endsWith(".java"));    //true
        System.out.println(fileName.startsWith("Java"));   //true
    }
}
```

运行结果如下：

```
s1 == s2 : false
s1.equals(s2) : true
s3 == s3 : true
s4.equals(s4) : true
"hello".equalsIgnoreCase(s5) : true
true
true
```

从上述示例运行结果可见，通过＝＝运算符是比较两对象(s1 和 s2)的引用是否相等，而不是比较两个字符串内容是否相等，比较字符串内容是否相等可以通过 equals()方法进行。

4．字符串截取

Java 中字符串截取的主要方法如下。

（1）String substring(int beginIndex)：从指定索引 beginIndex 开始截取到字符串结尾的子字符串。

（2）String substring(int beginIndex,int endIndex)：从指定索引 beginIndex 开始截取到索引 endIndex－1 处的字符，包括索引为 beginIndex 处的字符，但不包括索引为 endIndex 处的字符。

字符串截取方法示例代码如下：

```
package exercise3_4_4;
//3.4.4 字符串常用操作
//4.字符串截取

public class Main_4 {

    public static void main(String args[]) {
        // 声明元素字符串
        String originalStr = "Hello World! 世界你好,世界你好!";
        int len = originalStr.length();              //获得字符串长度
        System.out.println(len);
        // 截取 string 子字符串
        String subStr1 = originalStr.substring(12);  // 截取 originalStr 从索引 12 直到
                                                     // 字符串结尾
        System.out.printf("subStr1 = %s%n", subStr1);
        String subStr2 = subStr1.substring(6, 11);   // 从索引 6 到 11 截取 subStr1
        System.out.printf("subStr2 = %s%n", subStr2);
    }
}
```

输出结果如下：

```
23
subStr1 = 世界你好,世界你好!
subStr2 = 世界你好!
```

微课视频

## 3.5 数组类型

在计算机语言中,数组是非常重要的数据结构。大部分计算机语言中数组具有以下三个基本特性。

（1）一致性：数组只能保存相同的数据类型元素,元素的数据类型可以是任何相同的数据类型。

（2）有序性：数组中的元素是有序的,通过下标访问。

（3）不可变性：数组一旦初始化,长度（数组中元素的个数）将不可变。

Java 中数组的下标是从 0 开始的,事实上很多计算机语言中的数组下标都是从 0 开始的。Java 数组下标访问运算符采用中括号,如 intArray[0]表示访问 intArray 数组的第一个元素,0 是第一个元素的下标。

另外,Java 中的数组本身是引用数据类型,长度属性是 length。

### 3.5.1 数组声明

在使用引用数据类型之前一定要做两件事情：声明和初始化。

数组声明语法如下：

元素数据类型[] 数组变量名;          // Java 语言风格

```
元素数据类型 数组变量名[];              // C语言风格
```

可见数组的声明有两种形式：一种是中括号([])跟在元素数据类型之后；另一种是中括号([])跟在变量名之后。从面向对象角度看，Java 更推荐采用第一种声明方式，因为它把"元素数据类型[]"看成一个整体类型，即数组类型。第二种是 C 语言数组声明方式。

数组声明示例如下。

```
int intArray[];
float[] floatArray;
String strArray[];
Date[] dateArray;
```

## 3.5.2 数组初始化

数组声明完成后，长度还不能确定。声明完成后就要对数组进行初始化，数组初始化的过程就是为数组中的每个元素分配内存空间，并为每个元素提供初始值。初始化之后，数组的长度就确定下来，不能再变化了。

数组初始化可以分为静态初始化和动态初始化。

1. 静态初始化

静态初始化就是将数组的元素放到大括号中，元素之间用逗号(,)分隔。示例代码如下：

```
double[] doubleArry = {21, 32, 43, 45};
String[] strArry = {"刘备", "关羽", "张飞"};
```

静态初始化是在已知数组的每一个元素内容的情况下使用的。很多情况下，数据是从数据库或网络中获得的，在编程时不知道元素有多少，更不知道元素的内容，此时可采用动态初始化。

2. 动态初始化

动态初始化使用 new 运算符分配指定长度的内存空间，语法如下。

```
new 元素数据类型[数组长度];
```

示例代码如下：

```
package exercise3_5_2;
//3.5.2 数组初始化

public class Main {

    public static void main(String args[]) {

        // 1.静态初始化

        double[] doubleArry = {21, 32, 43, 45};
        String[] strArry = {"刘备", "关羽", "张飞"};

        // 2.动态初始化
```

```
        int[] intArray2;                        // 声明数组 intArray2
        intArray2 = new int[4];                 // 通过 new 运算符分配了 4 个元素的内存空间
        intArray2[0] = 21;
        intArray2[1] = 32;
        intArray2[2] = 43;
        intArray2[3] = 45;

        // 动态初始化 String 数组
        String strArry2[] = new String[3];      // 通过 new 运算符分配了 3 个元素的内存空间
        // 初始化数组中元素
        strArry2[0] = "刘备";
        strArry2[1] = "关羽";
        strArry2[2] = "张飞";
    }
}
```

## 3.6  动手练一练

**选择题**

（1）下面哪些代码在编译时不会出现警告或错误信息？（    ）

    A. float f=1.3；                B. char c="a"；

    C. byte b=257；               D. Boolean b=null；

    E. Int I=10；

（2）byte 的取值范围是（    ）。

    A. −128 to 127                B. −256 to 256

    C. −255 to 256                D. 取决于计算机硬件条件

（3）下列选项中正确的表达式有哪些？（    ）

    A. byte=128；                B. Boolean=null；

    C. long l=0xfffL；            D. double=0.9239d；

（4）下列选项中不是 Java 的基本数据类型的是（    ）。

    A. short          B. Boolean          C. Int          D. float

# 第4章 运 算 符

本章介绍 Java 语言中主要的运算符,包括算术运算符、关系运算符、逻辑运算符、位运算符和其他运算符。根据参加运算的操作数的个数不同,运算符又可分为一元运算符(如一元算术运算符)、二元运算符(如二元算术运算符)和三元运算符。

## 4.1 一元算术运算符

一元算术运算符具体说明如表 4-1 所示。

表 4-1 一元算术运算符

| 运 算 符 | 名 称 | 说 明 | 例 子 |
| --- | --- | --- | --- |
| - | 取反符号 | 取反运算 | y=-x |
| ++ | 自加 1 | 先取值再加 1,或先加 1 再取值 | x++或++x |
| -- | 自减 1 | 先取值再减 1,或先减 1 再取值 | x--或--x |

表 4-1 中,-x 是对 x 取反运算,x++或 x--是在表达式运算完后,再给 x 加 1 或减 1。而++x 或--x 是先给 x 加 1 或减 1,然后再进行表达式运算。

示例代码如下:

```
package exercise4_1;

//4.1 一元算术运算符

public class Main {

    public static void main(String args[]) {
        // 声明变量
        int a = 12, b = 12;
        // 原始值
        System.out.println("a:" + a);
        System.out.println("++a:" + (++a));      // 13,a 先加 1 再打印 a
        System.out.println("a++:" + (a++));      // 13,先打印 a 然后再加 1
        // 原始值
        System.out.println("b:" + b);
```

```
        System.out.println("-- b:" + (-- b));        // 11,b 先减 1 再打印 b
        System.out.println("b-- :" + (b-- ));         // 11,b 先减 1 再打印 b
    }
}
```

输出结果如下：

```
a:12
++a:13
a++ :13
b:12
 -- b:11
b-- :11
```

微课视频

## 4.2  二元算术运算符

二元算术运算符包括＋、－、＊、/和％,这些运算符对数值类型数据都有效。具体说明如表 4-2 所示。

表 4-2  二元算术运算符

| 运算符 | 名    称 | 例   子 | 说        明 |
|---|---|---|---|
| ＋ | 加 | x＋y | 求 x 加 y 的和,还可用于 String 类型,进行字符串连接操作 |
| － | 减 | x－y | 求 x 减 y 的差 |
| ＊ | 乘 | x＊y | 求 x 乘以 y 的积 |
| / | 除 | x/y | 求 x 除以 y 的商 |
| ％ | 取余 | x％y | 求 x 除以 y 的余数 |

示例代码如下：

```
package exercise4_2;

//4.2 二元算术运算符

public class Main {

    public static void main(String args[]) {
        // 声明变量
        int a = 12, b = 16;

        System.out.println(a + b);        // 打印结果为 28
        System.out.println(a - b);        // 打印结果为 - 4
        System.out.println(a * b);        // 打印结果为 192
        System.out.println(a / b);        // 打印结果为 0
        System.out.println(a % b);        // 打印结果为 12
    }
}
```

## 4.3 关系运算符

关系运算符用于比较两个表达式的大小关系,属于二元运算符,输出结果是布尔类型数据,即 true 或 false。关系运算符有 6 种:==、! =、>、<、>=和<=,具体说明如表 4-3 所示。

表 4-3 关系运算符

| 运算符 | 名 称 | 例 子 | 说 明 |
|---|---|---|---|
| == | 等于 | x==y | x 等于 y 时,返回 true,否则返回 false。可以应用于基本数据类型和引用数据类型 |
| != | 不等于 | x!=y | 与==相反 |
| > | 大于 | x > y | x 大于 y 时,返回 true,否则返回 false。只能应用于基本数据类型 |
| < | 小于 | x < y | x 小于 y 时,返回 true,否则返回 false。只能应用于基本数据类型 |
| >= | 大于或等于 | x>=y | x 大于或等于 y 时,返回 true,否则返回 false。只能应用于基本数据类型 |
| <= | 小于或等于 | x<=y | x 小于或等于 y 时,返回 true,否则返回 false。只能应用于基本数据类型 |

💡提示:==和!=可以应用于基本数据类型和引用数据类型。当用于引用数据类型时,比较的是两个引用是否指向同一个对象,但在实际开发过程中,多数情况下只是比较对象的内容是否相等,不需要比较是否为同一个对象。

示例代码如下:

```java
package exercise4_3;

//4.3 关系运算符

public class Main {

    public static void main(String args[]) {
        // 声明变量
        int a = 12, b = 16;

        System.out.println(a < b);        // 打印结果为 true
        System.out.println(a > b);        // 打印结果为 false
        System.out.println(a <= b);       // 打印结果为 true
        System.out.println(a >= b);       // 打印结果为 false
        System.out.println(a == b);       // 打印结果为 false
        System.out.println(a != b);       // 打印结果为 true
    }
}
```

## 4.4  逻辑运算符

逻辑运算符用于对布尔型变量进行运算，其结果也是布尔型。具体说明如表 4-4 所示。

表 4-4  逻辑运算符

| 运算符 | 名  称 | 例  子 | 说  明 |
|---|---|---|---|
| ! | 逻辑非 | !x | x 为 true 时，值为 false，a 为 false 时，值为 true |
| & | 逻辑与 | x & y | xy 全为 true 时，计算结果为 true，否则为 false |
| \| | 逻辑或 | x\|y | xy 全为 false 时，计算结果为 false，否则为 true |
| && | 短路与 | x && y | xy 全为 true 时，计算结果为 true，否则为 false。&& 与 & 的区别：如果 x 为 false，则不计算 y（因为不论 y 为何值，结果都为 false） |
| \|\| | 短路或 | x \|\| y | xy 全为 false 时，计算结果为 false，否则为 true。\|\| 与 \| 的区别：如果 x 为 true，则不计算 y（因为不论 y 为何值，结果都为 true） |

提示：短路与（&&）和短路或（\|\|）能够采用最优化的计算方式，从而提高效率。在实际编程时，应该优先考虑使用短路与和短路或。

示例代码如下：

```
package exercise4_4;

//4.4 逻辑运算符

public class Main {

    public static void main(String args[]) {
        // 声明变量
        int a = 12, b = 16;

        if (a < b || method1("a < b || method1")) {        // 没有调用 method1 方法
            System.out.println("||运算为 真");
        } else {
            System.out.println("||运算为 假");
        }

        if (a < b | method1("a < b | method1")) {           // 调用 method1 方法
            System.out.println("|运算为 真");
        } else {
            System.out.println("|运算为 假");
        }

        if (a > b && method1("a > b && method1")) {         // 没有调用 method1 方法
            System.out.println("&&运算为 真");
        } else {
            System.out.println("&&运算为 假");
```

```
        }

        if (a > b & method1("a > b & method1")) {          // 调用 method1 方法
            System.out.println("& 运算为 真");
        } else {
            System.out.println("& 运算为 假");
        }
    }

    /**
     * 自定义的 method1 方法
     * @param s,参数 s 传入字符串
     * @return 返回 false
     */
    static boolean method1(String s) {
        System.out.println(s + ",调用 method1 方法...");
        return false;
    }

}
```

输出结果如下：

```
||运算为 真
a < b | method1,调用 method1 方法...
|运算为 真
&& 运算为 假
a > b & method1,调用 method1 方法...
& 运算为 假
```

# 4.5　位运算符

微课视频

位运算是以二进位（bit）为单位进行运算的，操作数和结果都是整型数据。位运算符有如下几个：“&”“|”“^”“～”“>>”“<<”和“>>>”，其中～是一元运算符，其他都是二元运算符。具体说明如表 4-5 所示。

表 4-5　位运算符

| 运　算　符 | 名　　　称 | 例　　子 | 说　　明 |
| --- | --- | --- | --- |
| ～ | 位反 | ～x | 将 x 的值按位取反 |
| & | 位与 | x&y | x 与 y 位进行位与运算 |
| \| | 位或 | x\|y | x 与 y 位进行位或运算 |
| ^ | 位异或 | x^y | x 与 y 位进行位异或运算 |
| >> | 有符号右移 | x >> x | x 右移 x 位,高位用符号位补位 |
| << | 左移 | x << x | x 左移 x 位,低位用 0 补位 |
| >>> | 无符号右移 | x >>> x | x 右移 x 位,高位用 0 补位 |

---

💡 **提示**：无符号右移运算符>>>仅被允许用于 int 和 long 类型数据的位运算，如果用于 short 或 byte 类型数据，则数据需转换为 int 类型后再进行位计算。

---

位运算示例代码如下：

```java
package exercise4_5;

//4.5 位运算符

public class Main {

    public static void main(String args[]) {
        int x = 0B1011010;                       //十进制 90
        int y = 0B1010110;                       //十进制 86
        int result1;

        result1 = x | y;                         //0B1011110
        String s = Integer.toBinaryString(result1);
        System.out.printf("x | y = %d,二进制表示为:%s%n", result1, s);
        result1 = x & y;                         //0B1010010
        s = Integer.toBinaryString(result1);
        System.out.printf("x & y = %d,二进制表示为:%s%n", result1, s);
        result1 = x ^ y;                         //0B1100
        s = Integer.toBinaryString(result1);
        System.out.printf("x ^ y = %d,二进制表示为:%s%n", result1, s);

        System.out.println("c >>> 2 = " + (x >>> 2));    //十进制 22
        System.out.println("c >> 2 = " + (x >> 2));      //十进制 22
        System.out.println("c << 2 = " + (x << 2));      //十进制 360
        System.out.println("~x = " + (~x));              //十进制 -91

    }
}
```

输出结果如下：

```
x | y = 94,二进制表示为:1011110
x & y = 82,二进制表示为:1010010
x ^ y = 12,二进制表示为:1100
c >>> 2 = 22
c >> 2 = 22
c << 2 = 360
~x = -91
```

---

💡 **提示**：上述代码位取反运算过程涉及原码、补码、反码运算，比较麻烦。笔者归纳总结了一个公式：$\sim b = -1 * (b + 1)$，如果 b 为十进制数 94，则 $\sim b$ 为十进制数 $-95$。

---

💡 提示：有符号右移 n 位，相当于操作数除以 $2^n$，所以（x≫2）表达式相当于（$x/2^2$），结果等于 22。另外，左位移 n 位，相当于操作数乘以 $2^n$，所以（a≪2）表达式相当于（$a*2^2$），所以结果等于 360。

## 4.6 赋值运算符

微课视频

赋值运算符只是一种简写，一般用于变量自身的变化，具体说明如表 4-6 所示。

表 4-6 赋值运算符

| 运 算 符 | 名 称 | 例 子 |
|---|---|---|
| ＋＝ | 加赋值 | a＋＝b，a＋＝b＋3 |
| －＝ | 减赋值 | a－＝b |
| ＊＝ | 乘赋值 | a＊＝b |
| /＝ | 除赋值 | a/＝b |
| %＝ | 取余赋值 | a%＝b |
| &＝ | 位与赋值 | x&＝y |
| \|＝ | 位或赋值 | x\|＝y |
| ^＝ | 位异或赋值 | x^＝y |
| <<＝ | 左移赋值 | x<<＝y |
| >>＝ | 右移赋值 | x>>＝y |
| >>>＝ | 无符号右移赋值 | x>>>＝y |

位运算示例代码如下：

```
package exercise4_6;

//4.6 赋值运算符

public class Main {

    public static void main(String args[]) {
        int x = 50;
        x += 3;         // 53
        System.out.println("x:" + x);
        x -= 3;         // 50
        System.out.println("x:" + x);
        x *= 3;         // 150
        System.out.println("x:" + x);
        x /= 3;         // 50
        System.out.println("x:" + x);
        x %= 3;         // 2
        System.out.println("x:" + x);
        x &= 3;         // 2
        System.out.println("x:" + x);
```

```
        x | = 3;          // 2
        System.out.println("x:" + x);
        x ^ = 3;          // 3
        System.out.println("x:" + x);
        x >> = 3;         // 0
        System.out.println("x:" + x);
        x << = 3;         // 0
        System.out.println("x:" + x);
    }
}
```

输出结果这里不再赘述。

微课视频

## 4.7  三元运算符

Java 中三元运算符只有一个，即"?:"，用于替代 if 语句中的 if-else 结构，它的语法如下。

variable = Expression1 ? Expression2: Expression3

如果表达式 Expression1 计算结果为 true，则返回表达式 Expression2 的计算结果，否则返回表达式 Expression3 的计算结果。

三元运算符示例代码如下：

```
package exercise4_7;

//4.7 三元运算符

public class Main {

    public static void main(String args[]) {
        // 声明变量
        int n1 = 5, n2 = 10, max;
        System.out.println("第一个数值:" + n1);
        System.out.println("第二个数值: " + n2);

        // 返回 n1 和 n2 中较大数
        max = (n1 > n2) ? n1 : n2;        // 使用三元运算符计算
        System.out.println("较大数是:" + max);
    }
}
```

输出结果如下：

```
第一个数值:5
第二个数值: 10
较大数是:10
```

微课视频

## 4.8 运算符优先级

在表达式计算过程中,运算符的优先级非常重要。表 4-7 中的运算符优先级从高到低排列,同一行中的运算符优先级相同。二元运算符计算顺序一般为从左向右,但是优先级为15 的赋值运算符的计算顺序是从右向左的。

表 4-7 运算符优先级

| 优先级 | 运算符 |
| --- | --- |
| 1 | .(引用号)　小括号　中括号 |
| 2 | ++　−−　−(数值取反)　～(位反)　!(逻辑非)　类型转换小括号 |
| 3 | *　/　% |
| 4 | +　− |
| 5 | ＜＜　＞＞　＞＞＞ |
| 6 | ＜　＞　＜=　＞=　instanceof |
| 7 | ==　!= |
| 8 | &(逻辑与、位与) |
| 9 | ^(位异或) |
| 10 | |(逻辑或、位或) |
| 11 | && |
| 12 | ‖ |
| 13 | ?: |
| 14 | −＞ |
| 15 | =　*=　/=　%=　+=　−=　＜＜=　＞＞=　＞＞＞=　&=　^=　|= |

运算符优先级大体为算术运算符＞位运算符＞关系运算符＞逻辑运算符＞赋值运算符。

## 4.9 动手练一练

**选择题**

(1) 下列选项中合法的赋值语句有哪些?(　　　)

　　A. a==1;　　　　　B. ++i;　　　　　C. a=a+1=5;　　D. y=int(i);

(2) 如果所有变量都已正确定义,以下选项中非法的表达式有哪些?(　　　)

　　A. a!=4 ‖ b==1　　B. 'a'%3　　　　C. 'a'=1/2　　　D. 'A'+32

(3) 如果定义 int a=2;,则执行完语句 a+=a−=a*a;后 a 的值是(　　　)。

　　A. 0　　　　　　　B. 4　　　　　　　C. 8　　　　　　D. −4

（4）下面使用"<<"和">>"操作符的结果哪些是对的？（　　）

A.  1010 0000 0000 0000 0000 0000 0000 0000 >> 4 的结果是
0000 1010 0000 0000 0000 0000 0000 0000

B.  1010 0000 0000 0000 0000 0000 0000 0000 >> 4 的结果是
1111 1010 0000 0000 0000 0000 0000 0000

C.  1010 0000 0000 0000 0000 0000 0000 0000 >>> 4 的结果是
0000 1010 0000 0000 0000 0000 0000 0000

D.  1010 0000 0000 0000 0000 0000 0000 0000 >>> 4 的结果是
1111 1010 0000 0000 0000 0000 0000 0000

# 第 5 章

# 条 件 语 句

条件语句能够使计算机程序具有"判断能力",像人类的大脑一样分析问题,并根据某些表达式的值有选择地执行语句。Java 语言提供了两种条件语句:if 语句和 switch 语句。

## 5.1 if 语句

由 if 语句引导的选择结构有 if 结构、if-else 结构和 if-else-if 结构三种。

### 5.1.1 if 结构

if 结构流程示意图如图 5-1 所示,首先测试条件表达式,如果为 true 则执行语句组(包含一条或多条语句代码块),否则执行 if 语句组后面的语句。

微课视频

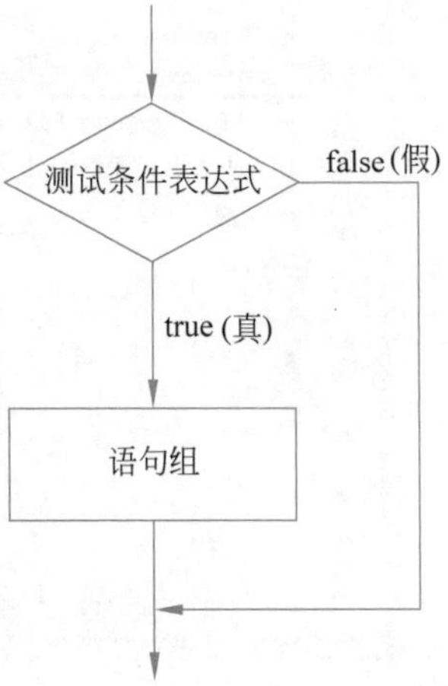

> 提示:如果语句组只有一条语句,可以省略大括号,但从编程规范的角度考虑,建议不要省略大括号,否则会使程序的可读性变差。

if 结构语法格式如下:

```
if (条件表达式) {
    语句组
}
```

if 结构示例代码如下:

```
package exercise5_1_1;
//5.1.1 if 结构
import java.util.Scanner;                    // 导入 Scanner 类              ①

public class Main {
    public static void main(String args[]) {
        Scanner in = new Scanner(System.in); // 创建 Scanner 对象            ②
```

图 5-1  if 结构流程示意图

```java
        System.out.println("请输入一个整数:");
        int score = in.nextInt();              // 读取从键盘输入的字符串并转换为
                                               // int 类型数据                    ③

        if (score >= 85) {
            System.out.println("您真优秀!");
        }
        if (score < 60)                                                          ④
            System.out.println("您需要加倍努力!");

        if ((score >= 60) && (score < 85)) {
            System.out.println("您的成绩还可以,仍需继续努力!");
        }
    }
}
```

上述程序运行到代码第②行会挂起,等待用户输入,如图 5-2 所示。输入内容后按 Enter 键,程序将继续运行,如图 5-3 所示。

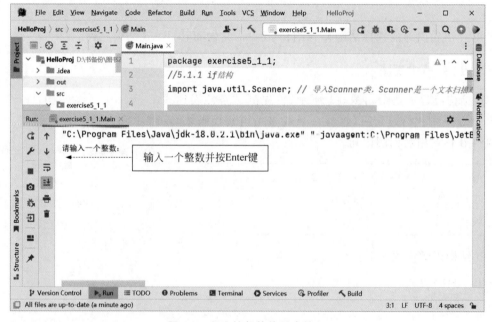

图 5-2　程序挂起等待用户输入

上述代码第①行导入 Scanner 类,该类是一个文本扫描对象。

上述代码第②行创建 Scanner 对象时,需要参数 System.in,System.in 是标准输入流,默认是键盘。

上述代码第③行 in.nextInt()方法是从键盘读取字符串并转换为 int 类型数据。

另外,代码第④行的 if 语句中的语句组只有一条语句,省略大括号。

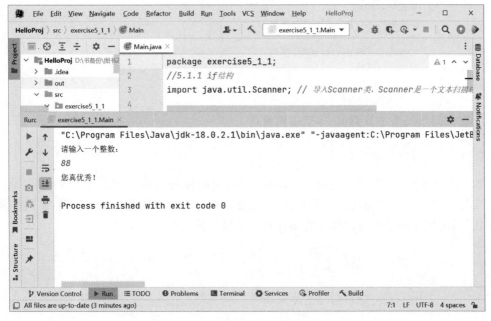

图 5-3　程序继续执行

## 5.1.2　if-else 结构

微课视频

if-else 结构流程示意图如图 5-4 所示,首先测试条件表达式,如果值为 true,则执行语句组 1;如果条件表达式值为 false,则忽略语句组 1,直接执行语句组 2,然后继续执行后面的语句。

if-else 结构语法格式如下:

```
if (条件表达式) {
    语句组 1
} else {
    语句组 2
}
```

if-else 结构示例代码如下:

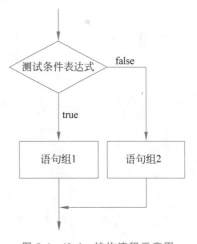

图 5-4　if-else 结构流程示意图

```java
package exercise5_1_2;
//5.1.2 if-else 结构
import java.util.Scanner;                      // 导入 Scanner 类,Scanner 是一个文本扫描对象


public class Main {
    public static void main(String args[]) {
        Scanner in = new Scanner(System.in); // 创建 Scanner 对象
        System.out.println("请输入一个整数:");
        int score = in.nextInt();            // 读取文本并转换为 int 类型
```

```java
        if (score < 60) {
            System.out.println("不及格");
        } else {
            System.out.println("及格");
        }
    }
}
```

上述代码与 5.1.1 节类似，这里不再赘述。

微课视频

### 5.1.3 if-else-if 结构

如果有多个分支，则可以使用 if-else-if 结构，它的流程示意图如图 5-5 所示。if-else-if 结构实际上是 if-else 结构的多层嵌套，特点是在多个分支中只执行一个语句组，而其他分支都不执行，所以这种结构可以用于有多种判断结果的分支中。

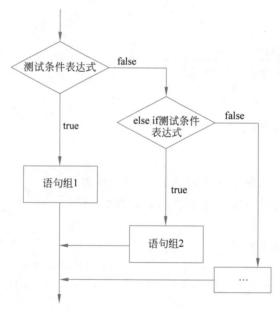

图 5-5　if-else-if 结构流程示意图

if-else-if 结构语法格式如下：

```java
if (条件表达式 1) {
    语句组 1
} else if (条件表达式 2) {
    语句组 2
} else if (条件表达式 3) {
    语句组 3
...
} else if (条件表达式 n) {
    语句组 n
} else {
```

　　　　语句组 n+1
}

if-else-if 结构示例代码如下：

```
package exercise5_1_3;
//5.1.3 if-else-if 结构

import java.util.Scanner;              // 导入 Scanner 类,Scanner 是一个文本扫描对象
public class Main {
    public static void main(String args[]) {
        Scanner in = new Scanner(System.in);  // 创建 Scanner 对象
        System.out.println("请输入一个整数:");
        int score = in.nextInt();             // 读取文本并转换为 int 类型
        char grade;
        if (score >= 90) {
            grade = 'A';
        } else if (score >= 80) {
            grade = 'B';
        } else if (score >= 70) {
            grade = 'C';
        } else if (score >= 60) {
            grade = 'D';
        } else {
            grade = 'F';
        }
        System.out.println("分数等级:" + grade);
    }
}
```

上述代码与 5.1.1 节类似,这里不再赘述。

## 5.2　多分支语句

　　事实上,如果分支很多,那么 if-else-if 结构使用起来也很麻烦,这时可以使用 switch 语句,它提供多分支程序结构语句。

### 5.2.1　switch 语句

　　最早的 switch 语句是从 C 和 C++语言继承而来的。下面先介绍 switch 语句的基本语法结构,如下所示:

微课视频

```
switch (表达式) {
    case 值 1:
        语句组 1
    case 值 2:
        语句组 2
    case 值 3:
        语句组 3
```

⋮
```
        case 值 n:
            语句组 n
        default:
            语句组 n+1
    }
```

其中，default 语句可以省略。switch 语句中"表达式"计算结果只能是如下几种类型：

（1）byte、short、char 和 int 类型。

（2）Byte、Short、Character 和 Integer 等包装类。

（3）String 类型。

（4）枚举类型。

Java 中有 8 个包装类对应 Java 中 8 种基本数据类型。有关包装类将在后面章节详细介绍。

当程序执行到 switch 语句时，先计算条件表达式的值，假设值为 A，然后将 A 与第 1 个 case 语句中的值 1 进行匹配，如果匹配则执行"语句组 1"，执行完成后不跳出 switch，只有遇到 break 才跳出 switch。如果 A 没有与第 1 个 case 语句匹配，则与第 2 个 case 语句进行匹配，如果匹配则执行"语句组 2"，以此类推，直到执行"语句组 n"。如果所有 case 语句都没有执行，就执行 default 的"语句组 n+1"，这时才跳出 switch。

1. 表达式计算结果是 int 类型示例

```java
package exercise5_2_1;
//5.2.1 switch 语句
//1.表达式计算结果是 int 类型示例

import java.util.Scanner;                         // 导入 Scanner 类，Scanner 是一个文本扫描对象

public class Main_1 {
    public static void main(String args[]) {
        Scanner in = new Scanner(System.in);   // 创建 Scanner 对象
        System.out.println("请输入≤100 的一个整数:");
        int score = in.nextInt();               // 读取文本并转换为 int 类型
        String grade;

        switch (score / 10) {
            case 10, 9:                          // 9 和 10 是同一个分支,常量值用逗号分隔
                grade = "A";
                break;
            case 8:
                grade = "B";
                break;
            case 7:
                grade = "C";
                break;
```

```
            case 6:
                grade = "D";
                break;
            case 5:
                grade = "E";
                break;
            default:
                grade = "未知";
        }
        System.out.println("分数等级:" + grade);
    }
}
```

### 2. 表达式计算结果是 String 类型示例

```java
package exercise5_2_1;
//5.2.1 switch 语句
//2.表达式计算结果是 String 类型示例
import java.util.Scanner;
public class Main_2 {
    public static void main(String args[]) {
        Scanner in = new Scanner(System.in);   // 创建 Scanner 对象
        System.out.println("请输入级别:");
        String level = in.next();              // 读取文本
        String desc = "";
        switch (level) {
            case "优":
                desc = "90 分以上";
                break;
            case "良":
                desc = "80~89 分";
                break;
            case "中":
                desc = "60~79 分";
                break;
            case "差":
                desc = "低于 60 分";
                break;
            default:
                desc = "无法判断";
        }
        System.out.println(desc);
    }
}
```

上述示例运行时,用户通过键盘输入"优""良""中"和"差"等字符,然后执行 switch 语句选择返回结果,如图 5-6 所示。

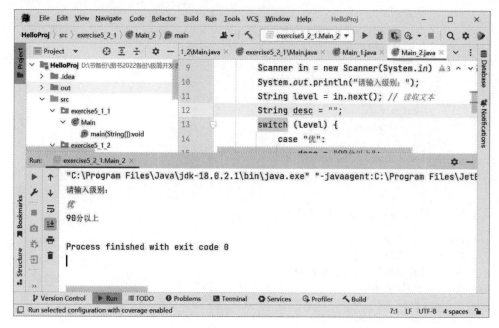

图 5-6　运行结果

微课视频

## 5.2.2　switch 表达式

如果希望根据不同的分支选择返回单个值，则可以使用 switch 表达式。Java 14 推出了 switch 表达式，它是在 case 后面使用箭头运算符(->)替代 break 语句。使用箭头符号(->)，每个 case 执行完成后结束 switch 表达式；其次，case 后面可以有多个常量，常量之间用逗号(,)分隔。

> 💡提示：表达式可以出现在赋值符号(=)的右边，它会返回一个计算结果。

示例代码如下：

```
package exercise5_2_2;
//5.2.2 switch 表达式

import java.util.Scanner;                        // 导入 Scanner 类，Scanner 是一个文本扫描对象

public class Main {
    public static void main(String args[]) {
        Scanner in = new Scanner(System.in);  // 创建 Scanner 对象
        System.out.println("请输入一个小于或等于 100 的整数:");
        int score = in.nextInt();              // 读取文本并转换为 int 类型
        // 声明变量 grade 接收 switch 表达式返回的结果
        String grade = switch (score / 10) {
```

```
                case 10, 9 -> "优";
                case 8 -> "良";
                case 7, 6 -> "中";
                case 1, 2, 3, 4, 5 -> "差";
                default -> "未知";
            };
            System.out.println("Grade = " + grade);
        }
    }
```

上述代码根据用户输入的整数选择分支,并将结果返回给变量 grade,运行结果如图 5-7 所示。

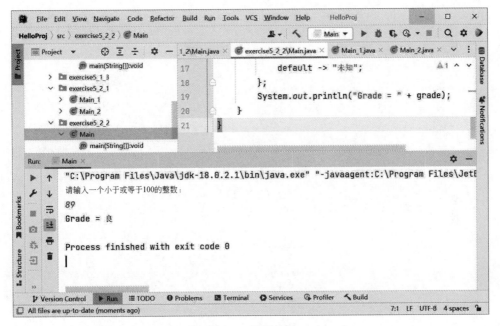

图 5-7　运行结果

# 5.3　动手练一练

## 1. 选择题

（1）switch 语句中"表达式"的计算结果是如下哪些类型？（　　）

A. byte、short、char 和 int 类型

B. Byte、Short、Character 和 Integer 包装类

C. String 类型

D. 枚举类型

（2）下列语句序列执行后，ch1 的值是（　　　　）。

```
char ch1 = 'A', ch2 = 'W';
if (ch1 + 2 < ch2) ++ch1;
```

  A. 'A'        B. 'B'        C. 'C'       D. B

**2. 判断题**

（1）switch 语句中每一个 case 语句，后面必须加上 break 语句。（　　　）

（2）if 语句可以替代 switch 语句。（　　　）

（3）if 语句中的语句组只有一条语句时，不能省略大括号。（　　　）

# 第 6 章

# 循 环 语 句

循环语句能够使程序代码重复执行。Java 支持三种循环构造类型：while、do-while 和 for。for 和 while 循环是在执行循环体之前测试循环条件，而 do-while 是在执行循环体之后测试循环条件。这就意味着 for 和 while 循环可能连一次循环体都不执行，而 do-while 则至少执行一次循环体。

## 6.1 while 循环

微课视频

while 循环是一种先判断的循环结构，其流程示意图如图 6-1 所示，首先测试条件表达式，如果值为 true，则执行语句组；如果值为 false，则忽略语句组，继续执行后面的语句。

示例代码如下：

```
package exercise6_1;

//6.1 while 循环
public class Main {
    public static void main(String args[]) {
        int count = 0;              // 声明变量

        while (count < 3) {         // 测试条件 count < 3
            System.out.println("Hello Java!");
            count++;                // 累加变量
        }
        System.out.println("Game Over");
    }
}
```

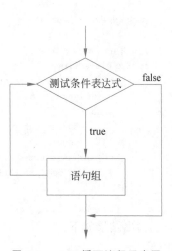

图 6-1　while 循环流程示意图

输出结果如下：

```
Hello Java!
Hello Java!
Hello Java!
Game Over
```

如果循环体中需要循环变量，就必须在 while 语句之前对循环变量进行初始化。本例中先给 count 赋值 0，然后在循环体内部必须通过语句更改循环变量的值，否则将会发生死循环。

微课视频

## 6.2　do-while 循环

do-while 循环的使用与 while 循环相似，不过 do-while 循环是事后判断循环条件，其流程示意图如图 6-2 所示。do-while 循环格式如下：

```
do {
    语句组
} while (循环条件)
```

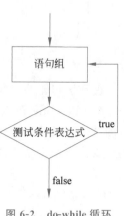

图 6-2　do-while 循环
流程示意图

do-while 循环没有初始化语句，循环次数是不可知的，无论循环条件是否满足，都会先执行一次循环体，然后再判断循环条件。如果条件满足，则执行循环体，不满足则结束循环。

示例代码如下：

```java
package exercise6_2;

//6.2 do-while 循环
public class Main {
    public static void main(String args[]) {
        int count = 5;              // 声明变量
        do {
            System.out.println("Hello Java!");
            count++;                // 累加变量
        } while (count < 3);        // 测试条件 count < 3
        System.out.println("Game Over");
    }
}
```

输出结果如下：

```
Hello Java!
Game Over
```

由结果可见，"Hello Java!" 只打印了一次，即便测试条件 count<3 永远为 false，也会执行一次循环体。

## 6.3　for 循环

循环语句除了 while 和 do-while 循环外，还有 for 循环。for 循环又可以分为 C 语言风格 for 循环和 Java 语言风格 for 循环，下面分别介绍。

## 6.3.1 C 语言风格 for 循环

顾名思义,C 语言风格 for 循环源自于 C 语言的 for 循环,C 语言风格 for 循环一般格式如下:

```
for (初始化;循环条件;迭代语句) {
    语句组
}
```

for 循环流程示意图如图 6-3 所示。首先会执行初始化语句,其作用是初始化循环变量和其他变量;然后程序会判断循环条件是否满足,如果满足,则继续执行循环体中的语句组;执行完成后计算迭代语句,之后再判断循环条件。如此反复,直到判断循环条件不满足时跳出循环。

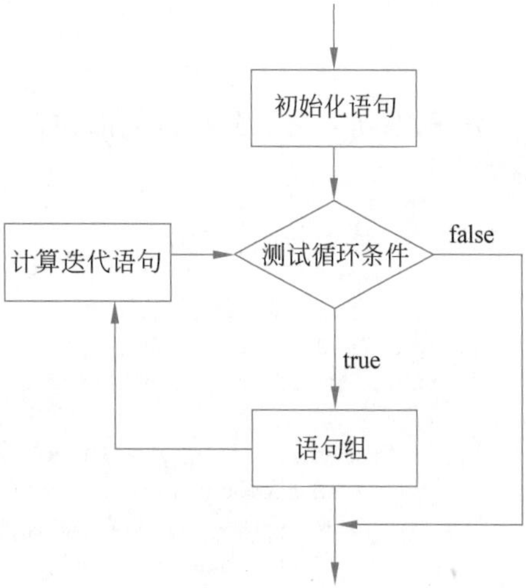

以下示例代码是计算 1~9 的平方表程序。

```
package exercise6_3_1;

//6.3.1 C 语言风格 for 循环
public class Main {
    public static void main(String args[]) {
        System.out.println(" --------- ");
        for (int i = 1; i < 10; i++) {
            System.out.printf("%d x %d = %d", i, i, i * i);
            //打印一个换行符,实现换行
            System.out.println();
        }
    }
}
```

图 6-3  for 循环流程示意图

输出结果如下:

```
---------
1 x 1 = 1
2 x 2 = 4
3 x 3 = 9
4 x 4 = 16
5 x 5 = 25
6 x 6 = 36
7 x 7 = 49
8 x 8 = 64
9 x 9 = 81
```

在这个程序的循环部分初始化时,给循环变量 i 赋值为 1,每次循环都要判断 i 的值是否小于 10,如果为 true,则执行循环体,然后给 i 加 1。因此,最后的结果是打印出 1~9(不包括 10)的平方。

---

💡提示：初始化、循环条件及迭代部分都可以为空语句（但分号不能省略），三者均为空时，相当于一个无限循环，代码如下：

```
for (; ;) {
    ...
}
```

---

另外，在初始化部分和迭代部分，可以使用逗号语句进行多个操作，如下面的程序代码所示。

```
package exercise6_3_1;

//6.3.1 C语言风格 for 循环
public class Main_2 {
    public static void main(String args[]) {

        for (int x = 0, y = 10; x < y; x++, y-- ) {
            System.out.printf("(x,y) = ( %d, %d)", x, y);
            // 打印一个换行符,实现换行
            System.out.println();
        }
    }
}
```

输出结果如下：

```
(x,y) = (0, 10)
(x,y) = (1, 9)
(x,y) = (2, 8)
(x,y) = (3, 7)
(x,y) = (4, 6)
```

上述示例的 for 循环在初始化语句中初始化 x 和 y 两个变量，并在迭代部分中迭代 x 和 y 两个变量。

## 6.3.2 Java 语言风格 for 循环

微课视频

Java 5 之后提供了一种专门用于遍历集合或数组的 for 循环，即 Java 语言风格 for 循环。使用 Java 语言风格 for 循环不必按照 for 循环的标准套路编写代码，只需要提供一个集合或数组就可以遍历。

假设有一个数组，采用 for 循环遍历数组的方式如下：

```
package exercise6_3_2;

//6.3.2 Java 语言风格 for 循环
public class Main {
    public static void main(String args[]) {
```

```
        String[] strArry = {"刘备", "关羽", "张飞"};

        System.out.println(" ----C 语言风格 for 循环 -------");
        for (int i = 0; i < strArry.length; i++) {                    ①
            System.out.println("Count is:" + strArry[i]);
        }

        System.out.println(" ----Java 语言风格 for 循环 -------");
        for (String element : strArry) {                              ②
            System.out.println("Count is:" + element);
        }
    }
}
```

输出结果如下：

```
----C 语言风格 for 循环 -------
Count is:刘备
Count is:关羽
Count is:张飞
----Java 语言风格 for 循环 -------
Count is:刘备
Count is:关羽
Count is:张飞
```

上述代码采用了两种风格 for 循环遍历数组 strArry,其中代码第①行采用 C 语言风格 for 循环,其中 length 属性可以获得数组的长度;代码第②行是 Java 语言风格 for 循环,它不需要使用循环变量,而是通过数组下标访问数组中的元素。

## 6.4　跳转语句

跳转语句能够改变程序的执行顺序,实现程序的跳转。在循环语句中使用的跳转语句主要有 break 和 continue 语句。

### 6.4.1　break 语句

微课视频

break 语句可用于 while、do-while 和 for 循环结构,其作用是强行退出循环体,不再执行循环体中剩余的语句。

在循环体中使用 break 语句有两种方式：不带标签和带标签,语法格式分别如下：

```
break;                    //不带标签
break label;              //带标签,label 是标签名
```

不带标签的 break 语句使程序跳出所在层的循环体,而带标签的 break 语句使程序跳出标签指示的循环体。

示例代码如下：

```
package exercise6_4_1;

//6.4.1 break 语句
public class Main_1 {
    public static void main(String args[]) {
        int[] numbers = {1, 2, 3, 4, 5, 6, 7, 8, 9, 10};

        for (int i = 0; i < numbers.length; i++) {
            if (i == 3) {
                //跳出循环
                break;
            }
            System.out.println("Count is: " + i);
        }
    }
}
```

运行结果如下：

```
Count is: 0
Count is: 1
Count is: 2
```

在上述程序代码中，当条件 i==3 时执行 break 语句，break 语句会终止循环。

break 还可以配合标签使用，示例代码如下：

```
package exercise6_4_1;

//6.4.1 break 语句
public class Main_2 {
    public static void main(String args[]) {
        label1:                                 //声明标签 label1
        for (int x = 0; x < 5; x++) {           // 外循环
            for (int y = 5; y > 0; y-- ) {      // 内循环
                if (y == x) {
                    //跳转到 label1 指向的循环
                    break label1;
                }
                System.out.printf("(x,y) = ( %d, %d) %n", x, y);
            }
        }
        System.out.println("Game Over!");
    }
}
```

默认情况下，break 只会跳出最近的内循环。如果要跳出外循环，可以为外循环添加一个标签 label1，注意，在定义标签时后面跟一个冒号。break 语句后面指定了 label1 标签，这样当条件满足执行 break 语句时，程序就会跳转出 label1 标签指定的循环。

程序运行结果如下：

```
(x,y) = (0,5)
(x,y) = (0,4)
(x,y) = (0,3)
(x,y) = (0,2)
(x,y) = (0,1)
(x,y) = (1,5)
(x,y) = (1,4)
(x,y) = (1,3)
(x,y) = (1,2)
Game Over!
```

## 6.4.2　continue 语句

微课视频

continue 语句用来结束本次循环,跳过循环体中尚未执行的语句,接着进行终止条件的判断,以决定是否继续循环。对于 for 语句,在进行终止条件的判断前,还要先执行迭代语句。

在循环体中使用 continue 语句有两种方式:可以不带标签,也可以带标签,语法格式分别如下:

```
continue                          //不带标签
continue label                    //带标签,label 是标签名
```

示例代码如下:

```
package exercise6_4_2;

//6.4.2 continue 语句
public class Main_1 {
    public static void main(String args[]) {
        int[] numbers = {1, 2, 3, 4, 5, 6, 7, 8, 9, 10};

        for (int i = 0; i < numbers.length; i++) {
            if (i == 3) {
                continue;
            }
            System.out.println("Count is: " + i);
        }
        System.out.println("Game Over!");
    }
}
```

在上述程序代码中,当条件 i==3 时执行 continue 语句,continue 语句会终止本次循环,循环体中 continue 之后的语句将不再执行,接着进行下次循环,所以输出结果中没有 3。

程序运行结果如下:

```
Count is: 0
Count is: 1
Count is: 2
Count is: 4
```

```
Count is: 5
Count is: 6
Count is: 7
Count is: 8
Count is: 9
Game Over!
```

带标签的 continue 语句示例代码如下：

```
package exercise6_4_2;

//6.4.2 continue 语句
public class Main_2 {
    public static void main(String args[]) {
        label1:
        //声明标签 label1
        for (int x = 0; x < 5; x++) {
            for (int y = 5; y > 0; y--) {
                if (y == x) {
                    //跳转到 label1 指向的循环
                    continue label1;
                }
                System.out.printf("(x,y) = ( %d, %d)", x, y);
                System.out.println();
            }
        }
        System.out.println("Game Over!");
    }
}
```

默认情况下，continue 只会跳出最近的内循环，如果要跳出外循环，则可以为外循环添加一个标签 label1，然后在 continue 语句后面指定这个标签 label1，这样，当条件满足执行 continue 语句时，程序就会跳转出外循环。

程序运行结果如下：

```
(x,y) = (0,5)
(x,y) = (0,4)
(x,y) = (0,3)
(x,y) = (0,2)
(x,y) = (0,1)
(x,y) = (1,5)
(x,y) = (1,4)
(x,y) = (1,3)
(x,y) = (1,2)
(x,y) = (2,5)
(x,y) = (2,4)
(x,y) = (2,3)
(x,y) = (3,5)
(x,y) = (3,4)
(x,y) = (4,5)
Game Over!
```

## 6.5 动手练一练

**选择题**

（1）下列语句序列执行后，k 的值是（　　）。

```
int m = 3, n = 6, k = 0;
while ((m++) < ( -- n)) ++k;
```

A. 0 　　　　　　 B. 1 　　　　　　 C. 2 　　　　　　 D. 3

（2）能从循环语句的循环体中跳出的语句是（　　）。

A. for 语句 　　　 B. break 语句 　　　 C. while 语句 　　　 D. continue 语句

（3）下列语句执行后，x 的值是（　　）。

```
int a = 3, b = 4, x = 5;

if (a < b) {
    a++;
    ++x;
}
```

A. 5 　　　　　　 B. 3 　　　　　　 C. 4 　　　　　　 D. 6

（4）以下 Java 代码编译运行后，下列选项中会出现在输出结果中的是（　　）。

```java
public class HelloWorld {
    public static void main(String args[]) {
        for (int i = 0; i < 3; i++) {
            for (int j = 3; j >= 0; j-- ) {
                if (i == j)
                    continue;
                System.out.println("i = " + i + " j = " + j);
            }
        }
    }
}
```

A. i＝0 j＝3 　　　 B. i＝0 j＝0 　　　 C. i＝2 j＝2 　　　 D. i＝0 j＝2

E. i＝0 j＝1

（5）运行下列 Java 代码后，下列选项中包含在输出结果中的是（　　）。

```java
public class HelloWorld {
    public static void main(String args[]) {
        int i = 0;
        do {
            System.out.println("i = " + i);
        } while ( -- i > 0);
        System.out.println("完成");
    }
}
```

A. i＝3 　　　　　　 B. i＝1 　　　　　　 C. i＝0 　　　　　　 D. 完成

# 第7章

# 面向对象基础

面向对象编程是主流计算机编程语言的重要特性,Java 是支持面向对象的编程语言,本章将介绍 Java 语言中面向对象的基础知识。

## 7.1 面向对象编程

面向对象编程(Object Oriented Programming,OOP)是一种编程方法,它是按照真实世界客观事物的自然规律进行分析和构建的软件系统。真实世界的公司中会有员工和经理,而在面向对象的世界中也有员工和经理,他们称为"类",例如小白是一名员工,老李是他的经理,那么小白就是员工类的实例(也称对象),老李则是经理的实例(或对象)。

微课视频

## 7.2 类的声明

面向对象编程的第一步就是声明类。Java 语言中一个类的实现包括类声明和类体。类声明语法格式如下:

```
[public][abstract|final] class className [extends superclassName] {    //类声明
    //类体
}
```

其中,class 是声明类的关键字;className 是自定义的类名;class 前面的修饰符 public、abstract、final 用来声明类,可以省略,其具体用法后面章节中会详细介绍;superclassName 为父类名,可以省略,如果省略,则该类继承 Object 类,Object 类为所有类的根类。

---

💡提示:语法表示符号约定,在语法说明中,中括号([])表示可以省略;竖线(|)表示"或关系",例如 abstract|final 说明可以使用 abstract 或 final 关键字,两个关键字不能同时出现。

---

声明员工(Employee)类代码如下:

```
public class Employee {
}
```

上述代码声明了员工类,它省略了继承的父类,也就说明它继承了 Object 类。

## 7.2.1 创建对象

在面向对象的编程过程中,类和对象无处不在。类是对象的加工厂,是创建对象的模板。使用类创建对象的过程也称为实例化。创建对象包括以下两个步骤。

(1) 声明。声明对象类型与声明普通变量没有区别,语法格式如下:

```
type objectName;
```

其中,type 是引用类型,即类、接口、枚举和数组。示例代码如下:

```
String name;
```

该语句声明了字符串类型变量 name,但此时并未为对象分配内存空间,只分配了一个引用。

(2) 实例化。实例化过程分为两个阶段:为对象分配内存空间和初始化对象,首先使用 new 运算符为对象分配内存空间,然后调用构造方法初始化对象。示例代码如下:

```
String name;
name = new String("Hello World");
```

## 7.2.2 空对象

一个引用变量没有通过 new 运算符分配内存空间,这个对象就是空对象。Java 使用关键字 null 表示空对象。示例代码如下:

```
String name = null;
name = "Hello World";
```

引用变量默认值是 null。当试图调用一个空对象的实例变量或实例方法时,系统会抛出空指针异常 NullPointerException,示例代码如下:

```
String name = null;
//输出 null 字符串
System.out.println(name);
//调用 length()方法
int len = name.length();          ①
```

代码运行到第①行时,系统会抛出异常。这是因为调用 length()方法时,name 是空对象。程序员应该避免调用空对象的成员变量和方法,判断对象是否为空对象的示例代码如下:

```
//判断对象是否为空对象
if (name != null) {
    int len = name.length();
}
```

💡 提示：产生空对象有两种可能的原因。
>
> (1) 程序员忘记了实例化。
>
> (2) 空对象是别人传递过来的。
>
> 程序员必须防止第一种情况发生，应该仔细检查自己的代码，对自己创建的所有对象进行实例化并初始化。第二种情况需要通过判断对象是否为空对象进行避免。

微课视频

## 7.3 类成员

在类体中可以包含类的成员，类成员组成如图 7-1 所示，其中包括构造方法、成员变量和成员方法，成员变量又分为实例变量和类变量，成员方法又分为实例方法和类方法。

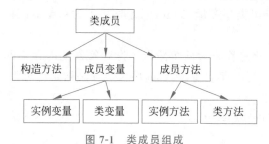

图 7-1 类成员组成

### 7.3.1 实例变量

实例变量就是某个实例（或对象）个体特有的数据，例如，不同的员工有自己的姓名（name）和编号（no），name 和 no 都是实例变量。

示例代码如下：

```java
package exercise7_3_1;
//代码文件 Main.java
//7.3.1 实例变量
public class Main {

    public static void main(String args[]) {
        // 通过 Employee 类创建 emp1 对象
        Employee emp1 = new Employee();                              ①
        System.out.printf("员工 % s 编号：% s 薪水：% s % n",
                emp1.name, emp1.no, emp1.salary);                    ②
    }
}
```

上述代码第①行创建并声明员工对象 emp1；代码第②行分别调用 emp1 对象成员变量，注意，此处使用了点（.）运算符。

上述代码运行结果如下：

员工 Bean 编号:100 薪水:12000.0

## 7.3.2　实例方法

实例方法与实例变量一样,都是某个实例(或对象)个体特有的。本节先介绍实例方法。为员工类添加实例方法的代码如下:

```java
package exercise7_3_2;

//代码文件 Employee.java
//员工类
public class Employee {

    String name = "Bean";           // 声明姓名实例变量
    int no = 100;                   // 声明员工编号实例变量
    double salary = 12000;          // 声明薪水实例变量

    /**
     * 调整薪水方法
     *
     * @param sal,调整的薪水
     */
    void adjust(double sal) {        // 声明实例成员方法            ①
        this.salary += sal;
    }
}
```

上述代码第①行添加了调整薪水方法 adjust()。为了测试员工类,可以在 Main 类中的main 方法中添加如下测试代码:

```java
package exercise7_3_2;

//代码文件 Main.java
//7.3.2 实例方法
public class Main {

    public static void main(String args[]) {
        // 通过 Employee 类创建 emp1 对象
        Employee emp1 = new Employee();
        System.out.printf("员工 %s 编号:%s 薪水:%s%n",
                emp1.name, emp1.no, emp1.salary);

        emp1.adjust(600);                // 调用 emp1 对象的 adjust()方法      ①
        System.out.printf("员工 %s 编号:%s 薪水:%s%n",
                emp1.name, emp1.no, emp1.salary);
    }
}
```

上述代码第①行分别调用员工对象的 adjust()方法。代码运行结果如下:

员工 Bean 编号:100 薪水:12000.0
员工 Bean 编号:100 薪水:12600.0

### 7.3.3　方法重载

在第 3 章介绍字符串时就已经用到过方法重载（overload），这一节详细介绍重载。为方便使用，在设计一个类时，一般为具有相似功能的方法起相同的名字。例如，String 字符串查找方法 indexOf 有多个不同版本，如图 7-2 所示。

| int | indexOf(int ch) |
| --- | --- |
| | 返回指定字符在此字符串中第一次出现处的索引。 |
| int | indexOf(int ch, int fromIndex) |
| | 返回在此字符串中第一次出现指定字符处的索引，从指定的索引开始搜索。 |
| int | indexOf(String str) |
| | 返回指定子字符串在此字符串中第一次出现处的索引。 |
| int | indexOf(String str, int fromIndex) |
| | 返回指定子字符串在此字符串中第一次出现处的索引，从指定的索引开始。 |

图 7-2　indexOf 方法有多个不同版本

这些名字相同的方法之所以能够在一个类中同时存在，是因为它们的参数列表不同，可根据参数列表调用相应的重载方法。

💡提示：方法的参数列表不同，意味着参数的个数或参数类型不同。另外，返回类型不能用来区分方法重载。

方法重载示例代码如下：

```
package exercise7_3_3;

//代码文件 Adder.java
//加法器类
public class Adder {

    /**
     * 两个 int 类型参数的 add 方法
     * @param x
     * @param y
     * @return
     */
    public int add(int x, int y) {
        return (x + y);
    }

    /**
     * 三个 int 类型参数的 add 方法
     * @param x
     * @param y
     * @param z
     * @return
```

```
    */
    public int add(int x, int y, int z) {
        return (x + y + z);
    }

    /**
     * 两个 double 类型参数的 add 方法
     * @param x
     * @param y
     * @return
     */
    public double add(double x, double y) {
        return (x + y);
    }
}
```

上述代码实现了加法器类（Adder），在类中定义了三个方法 add()，它们有相同的名字，但是参数列表不同，故互为重载。

在 Main 类中测试代码如下：

```
package exercise7_3_3;

//代码文件 Main.java
//7.3.3 方法重载
public class Main {

    public static void main(String args[]) {
        Adder add = new Adder();                 // 创建 add 对象
        System.out.println(add.add(10, 20));     //调用两个 int 类型参数的 add()方法
        System.out.println(add.add(10, 20, 30)); //调用三个 int 类型参数的 add()方法
        System.out.println(add.add(10.5, 20.5)); //调用两个 double 类型参数的 add()方法
    }
}
```

上述代码运行结果如下：

```
30
60
31.0
```

## 7.4　构造方法

在第 3 章创建字符串对象时，使用了表达式 new String("你好")，其中 String("你好") 是调用构造方法。

### 7.4.1　构造方法的概念

构造方法是类中的特殊方法，用来初始化类的实例变量，它在创建对象（new 运算符）之

微课视频

后自动调用。

Java 构造方法的特点如下：

（1）构造方法名必须与类名相同。

（2）构造方法没有任何返回值，包括 void。

（3）构造方法只能与 new 运算符结合使用。

构造方法示例代码如下：

```
package exercise7_4_1;
//代码文件 Employee.java
//员工类
public class Employee {
    /**
     * 构造方法
     * @param name,员工姓名
     * @param no,员工编号
     * @param sal,薪水
     */
    public Employee(String name, int no, double sal) { // 构造方法                    ①
        this.name = name;                       // 通过 name 参数初始化成员变量 name   ②
        this.no = no;                           // 通过 no 参数初始化成员变量 no
        this.salary = sal;                      // 通过 sal 参数初始化成员变量 salary  ③
    }

    String name;                                // 声明姓名实例变量                    ④
    int no;                                     // 声明员工编号实例变量
    double salary;                              // 声明薪水实例变量                    ⑤
}
```

上述代码第①行声明构造方法，它有三个参数用于初始化成员变量，方法的参数是方法中的局部变量，它的作用域范围是当前方法。

代码第②～③行通过参数初始化成员变量，由于成员变量与方法的参数发生冲突（如方法的参数中有 name，成员变量也有 name），为了防止冲突，可以为成员变量 name 加上前缀"this."，其中 this 是指向当前对象的引用。类似地，this.no 是访问员当前对象的 no 成员变量。

代码第④～⑤行声明三个成员变量。注意，这三个成员变量在类体中，但在方法之外，它们的作用域是整个类。

为了测试员工类，可以在 Main 类中的 main 方法中添加以下测试代码：

```
package exercise7_4_1;
//代码文件 Main.java
//7.4.1 构造方法的概念
public class Main {

    public static void main(String args[]) {
        // 通过 Employee 类创建 emp1 对象
        Employee emp1 = new Employee("Tony", 1001, 5000);                              ①
```

```
// 通过 Employee 类创建 emp2 对象
Employee emp2 = new Employee("Ben", 1002, 4500);              ②

System.out.printf("员工%s 编号:%s 薪水:%s%n",
        emp1.name, emp1.no, emp1.salary);                    ③
System.out.printf("员工%s 编号:%s 薪水:%s%n",
        emp2.name, emp2.no, emp2.salary);                    ④
    }
}
```

上述代码第①行和第②行分别创建了两个员工对象 emp1 和 emp2,其中 new 运算符开辟内存空间创建员工对象,然后再调用构造方法初始化员工对象。

代码第③行和第④行分别调用类 emp1 和 emp2 对象的成员变量,注意,这里使用了点(.)运算符。

上述代码运行结果如下:

```
员工 Tony 编号:1001 薪水:5000.0
员工 Ben 编号:1002 薪水:4500.0
```

## 7.4.2 默认构造方法

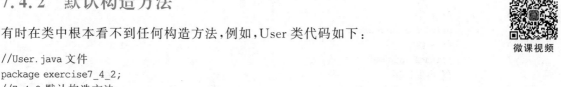

微课视频

有时在类中根本看不到任何构造方法,例如,User 类代码如下:

```
//User.java 文件
package exercise7_4_2;
//7.4.2 默认构造方法
public class User {

    // 用户名
    private String username;

    // 用户密码
    private String password;

    //默认构造方法
// public User() {
//
// }

}
```

从上述 User 类代码(只有两个成员变量)中看不到任何构造方法,但还是可以调用无参数的构造方法创建 User 对象,代码如下:

```
//HelloWorld.java 文件
…
User user = new User();
```

Java 虚拟机为没有构造方法的类提供一个无参数的默认构造方法,默认构造方法中,方法体内无任何语句。默认构造方法相当于如下代码：

```
//默认构造方法
public User() {
}
```

默认构造方法的方法体内无任何语句，也就不能够初始化成员变量，那么这些成员变量就会使用默认值，成员变量默认值与数据类型有关。

微课视频

### 7.4.3  重载构造方法

在一个类中可以有多个构造方法，它们具有相同的名字（与类名相同），但参数列表不同，所以它们之间一定是重载关系。

重载构造方法示例代码如下：

```
//Person.java 文件
package exercise7_4_3;
import java.util.Date;

public class Person {

    // 名字
    private String name;
    // 年龄
    private int age;
    // 出生日期
    private Date birthDate;

    public Person(String n, int a, Date d) {          ①
        name = n;
        age = a;
        birthDate = d;
    }

    public Person(String n, int a) {                  ②
        name = n;
        age = a;
    }

    public Person(String n, Date d) {                 ③
        name = n;
        age = 30;
        birthDate = d;
    }

    public Person(String n) {                         ④
        name = n;
        age = 30;
    }
```

```
    public String getInfo() {
        StringBuilder sb = new StringBuilder();
        sb.append("名字: ").append(name).append('\n');
        sb.append("年龄: ").append(age).append('\n');
        sb.append("出生日期: ").append(birthDate).append('\n');
        return sb.toString();
    }
}
```

上述 Person 类代码提供了 4 个重载构造方法,如果有准确的姓名、年龄和出生日期信息,则可以选用代码第①行的构造方法创建 Person 对象;如果只有姓名和年龄信息,则可选用代码第②行的构造方法创建 Person 对象;如果只有姓名和出生日期信息,则可选用代码第③行的构造方法创建 Person 对象;如果只有姓名信息,则可选用代码第④行的构造方法创建 Person 对象。

## 7.4.4 this 关键字

为了访问对象本身,可以使用 this 关键字。this 关键字指向对象本身,用于以下 3 种情况。

(1)调用实例变量。

(2)调用实例方法。

(3)调用其他构造方法。

使用 this 关键字的示例代码如下:

```
//Person.java 文件
package exercise7_4_4;

import java.util.Date;

public class Person {

    // 名字
    private String name;
    // 年龄
    private int age;
    // 出生日期
    private Date birthDate;

    // 三个参数构造方法
    public Person(String name, int age, Date d) {          ①
        this.name = name;                                  ②
        this.age = age;                                    ③
        birthDate = d;
        System.out.println(this.toString());               ④
    }

    public Person(String name, int age) {
```

```
        // 调用三个参数构造方法
        this(name, age, null);                                    ⑤
    }

    public Person(String name, Date d) {
        // 调用三个参数构造方法
        this(name, 30, d);                                        ⑥
    }

    public Person(String name) {
        // System.out.println(this.toString());
        // 调用 Person(String name, Date d)构造方法
        this(name, null);                                         ⑦
    }

    @Override
    public String toString() {
        return "Person [name = " + name                          ⑧
                + ", age = " + age                                ⑨
                + ", birthDate = " + birthDate + "]";
    }
}
```

上述代码中多次用到了 this 关键字。代码第①行声明三个参数构造方法，其中参数 name 和 age 与实例变量 name 和 age 命名冲突，参数是作用域为整个方法的局部变量，为了防止局部变量与成员变量命名发生冲突，可以使用 this 关键字调用成员变量，见代码第②行和第③行。注意代码第⑧行和第⑨行的 name 和 age 变量没有冲突，所以可以不使用 this 关键字调用。

this 关键字也可以调用本对象的方法，见代码第④行的 this. toString( )语句。在本例中 this 关键字可以省略。

当多个构造方法重载时，一个构造方法可以调用其他构造方法，以减少代码量。上述代码第⑤行 this(name,age,null)使用 this 关键字调用其他构造方法。类似调用还有代码第⑥行的 this(name,30,d)和第⑦行的 this(name,null)。

---

💡注意：使用 this 关键字调用其他构造方法时，this 语句一定是该构造方法的第一条语句。例如，在代码第⑦行之前调用 toString()方法就会发生错误。

---

### 7.4.5　类变量

微课视频

类变量是所有实例（或对象）共有的变量。例如，同一个公司的员工，他们的员工编号、姓名和薪水会因人而异，而他们所在公司相同。所在公司与个体实例无关，或者说是所有员工实例共享的，这种变量称为类变量。由于类变量在声明时需要使用 static 关键字，因此类变量也称为静态变量。

声明类变量示例代码如下：

```java
package exercise7_4_5;

//代码文件 Employee.java
//员工类
public class Employee {
    /**
     * 构造方法
     *
     * @param name,员工姓名
     * @param no,员工编号
     * @param sal,薪水
     */
    public Employee(String name, int no, double sal) {   // 构造方法
        this.name = name;                                // 通过 name 参数初始化成员变量 name
        this.no = no;                                    // 通过 no 参数初始化成员变量 no
        this.salary = sal;                               // 通过 sal 参数初始化成员变量 salary
    }

    String name;                                         // 声明姓名实例变量
    int no;                                              // 声明员工编号实例变量
    double salary;                                       // 声明薪水实例变量

    static String companyName = "XYZ";                   // 声明所在公司类变量        ①

    /**
     * 调整薪水方法
     *
     * @param sal,调整的薪水
     */
    void adjust(double sal) {                            // 声明实例成员方法
        this.salary += sal;
    }
}
```

代码第①行使用 static 关键字声明类变量 companyName，这类变量可以通过类名或对象访问。

测试员工类的代码如下：

```java
package exercise7_4_5;

//代码文件 Main.java
//7.4.5 类变量
public class Main {

    public static void main(String args[]) {
        // 通过 Employee 类创建 emp1 对象
        Employee emp1 = new Employee("Tony", 1001, 5000);
        // 通过 Employee 类创建 emp2 对象
```

```
        Employee emp2 = new Employee("Ben", 1002, 4500);

        System.out.printf("员工%s编号:%s 薪水:%s,所在公司:%s%n",
                emp1.name, emp1.no, emp1.salary,
                Employee.companyName);            // 通过类名 Employee 访问类变量    ①
        emp1.companyName = "ABC";                 // 通过对象 emp1 访问类变量        ②

        System.out.printf("员工%s编号:%s 薪水:%s,所在公司:%s%n",
                emp1.name, emp1.no, emp1.salary,
                emp2.companyName);                // 通过对象 emp2 访问类变量        ③

    }
}
```

上述代码第①行通过类名 Employee 访问类变量 companyName，代码第②行通过对象 emp1 访问类变量，代码第③行通过对象 emp2 访问类变量。

上述代码执行结果如下：

```
员工 Tony 编号:1001 薪水:5000.0,所在公司:XYZ
员工 Tony 编号:1001 薪水:5000.0,所在公司:ABC

员工:Tony 编号:1001 所在公司:XYZ
员工:Tony 编号:1001 所在公司:ABC
```

微课视频

## 7.4.6　类方法

类方法与类变量类似，都属于类，而不属于个体实例的方法。由于类方法在声明时也需要使用 static 关键字，因此也称静态方法。

类方法示例代码如下：

```
package exercise7_4_6;

//代码文件 Employee.java
//员工类
public class Employee {
    /**
     * 构造方法
     *
     * @param name,员工姓名
     * @param no,员工编号
     * @param sal,薪水
     */
    public Employee(String name, int no, double sal) {  // 构造方法
        this.name = name;                               // 通过 name 参数初始化成员变量 name
        this.no = no;                                   // 通过 no 参数初始化成员变量 no
        this.salary = sal;                              // 通过 sal 参数初始化成员变量 salary
    }

    String name;                                        // 声明姓名实例变量
```

```
    int no;                                        // 声明员工编号实例变量
    double salary;                                 // 声明薪水实例变量

    static String companyName = "XYZ";             // 声明所在公司类变量

    /**
     * 调整薪水方法
     *
     * @param sal, 调整的薪水
     */
    void adjust(double sal) {                       // 声明实例成员方法
        this.salary += sal;
    }

    /**
     * 显示所在公司
     *
     * @return 公司名称
     */
    static String showCompanyName() {               ①
        // 通过类方法访问类变量
        return Employee.companyName;                ②
    }

    /**
     * 改变所在公司
     *
     * @param newName
     */
    static void changeCompanyName(String newName) {  ③
        Employee.companyName = newName;
    }
}
```

代码第①行通过 static 关键字声明类方法，在类方法中可以访问类变量，但是不能访问实例变量。代码第②行访问类变量。代码第③行声明类方法，在该方法中通过参数 newName 改变类变量的值。

测试员工类的 Main 类代码如下：

```
package exercise7_4_6;

//代码文件 Main.java
//7.4.6 类方法
public class Main {

    public static void main(String args[]) {
        // 通过 Employee 类创建 emp1 对象
        Employee emp1 = new Employee("Tony", 1001, 5000);
        // 通过 Employee 类创建 emp2 对象
```

```java
        Employee emp2 = new Employee("Ben", 1002, 4500);

        System.out.printf("员工%s编号:%s 薪水:%s,所在公司:%s%n",
                emp1.name, emp1.no, emp1.salary,
                Employee.showCompanyName());        // 通过类名 Employee 访问类变量
        emp1.changeCompanyName("ABC");              // 通过对象 emp1 访问类变量

        System.out.printf("员工%s编号:%s 薪水:%s,所在公司:%s%n",
                emp1.name, emp1.no, emp1.salary,
                emp2.companyName);                   // 通过对象 emp2 访问类变量

    }
}
```

访问类方法与类变量类似,都可以通过类名或对象方法进行。上述代码执行结果如下：

员工 Tony 编号:1001 薪水:5000.0,所在公司:XYZ
员工 Tony 编号:1001 薪水:5000.0,所在公司:ABC

---

💡 提示：类方法中可以访问类变量,但不能访问实例变量,而实例方法中可以访问实例变量和类变量。

---

微课视频

## 7.5　初始化类变量与静态代码块

实例变量初始化是通过构造方法实现的,而类变量可以在静态代码块中实现初始化。静态代码块使用 static 声明,在类第一次加载时执行,且只执行一次。示例代码如下：

```java
package exercise7_5;

//代码文件 Employee.java
//员工类
public class Employee {
    /**
     * 构造方法
     *
     * @param name,员工姓名
     * @param no,员工编号
     * @param sal,薪水
     */
    public Employee(String name, int no, double sal) {  // 构造方法
        this.name = name;                               // 通过 name 参数初始化成员变量 name
        this.no = no;                                   // 通过 no 参数初始化成员变量 no
        this.salary = sal;                              // 通过 sal 参数初始化成员变量 salary
    }

    String name;                                        // 声明姓名实例变量
```

```java
    int no;                                      // 声明员工编号实例变量
    double salary;                               // 声明薪水实例变量

    static String companyName;                   // 声明所在公司类变量

    // 静态代码块
    static {                                      ①
        System.out.println("静态代码块被调用...");
        // 初始化静态变量,初始化变量 companyName
        companyName = "ABC";                      ②
    }

    /**
     * 调整薪水方法
     *
     * @param sal,调整的薪水
     */
    void adjust(double sal) {                     // 声明实例成员方法
        this.salary += sal;
    }
}
```

上述代码第①行是静态代码块,在静态代码块中可以初始化静态变量,见代码第②行,也可以调用静态方法。

调用 Employee 代码如下:

```java
package exercise7_5;

//代码文件 Main.java
//7.5 初始化类变量与静态代码块
public class Main {

    public static void main(String args[]) {
        // 通过 Employee 类创建 emp1 对象
        Employee emp1 = new Employee("Tony", 1001, 5000);

        System.out.printf("员工%s编号:%s 薪水:%s,所在公司:%s%n",
                emp1.name, emp1.no, emp1.salary,
                Employee.companyName);            // 通过类名 Employee 访问类变量
    }
}
```

Employee 静态代码块在第一次加载 Employee 类时调用。上述代码执行结果如下:

```
静态代码块被调用...
员工 Tony 编号:1001 薪水:5000.0,所在公司:ABC
```

## 7.6　封装性

封装性是面向对象的三大特性之一，Java 语言提供了对封装性的支持。

Java 面向对象的封装性是通过对成员变量和方法进行访问控制实现的。访问控制分为 4 个级别：私有、默认、保护和公有，具体规则如表 7-1 所示。

表 7-1　访问控制规则

| 控 制 级 别 | 可否直接访问 | | | |
|---|---|---|---|---|
| | 同 一 个 类 | 同 一 个 包 | 不同包的子类 | 不同包非子类 |
| 私有 | Yes | No | No | No |
| 默认 | Yes | Yes | No | No |
| 保护 | Yes | Yes | Yes | No |
| 公有 | Yes | Yes | Yes | Yes |

下面详细解释这 4 种访问控制级别。

微课视频

### 7.6.1　私有级别

私有级别的关键字是 private。私有级别的成员变量和方法只能在其所在类的内部自由使用，在其他类中则不允许直接访问。私有级别限制性最高。私有级别示例代码如下：

```java
package exercise7_6_1;

//代码文件 Employee.java
//员工类
public class Employee {
    /**
     * 构造方法
     *
     * @param name,员工姓名
     * @param no,员工编号
     * @param sal,薪水
     */
    public Employee(String name, int no, double sal) {   // 构造方法
        this.name = name;                                // 通过 name 参数初始化成员变量 name
        this.no = no;                                    // 通过 no 参数初始化成员变量 no
        this.salary = sal;                               // 通过 sal 参数初始化成员变量 salary
    }

    private String name;                                 // 声明私有实例变量
    private int no;                                      // 声明私有实例变量
    private double salary;                               // 声明私有实例变量


    /**
```

```
 *  调整薪水方法
 *
 *  @param sal,调整的薪水
 */
private void adjust(double sal) {              // 声明实例成员方法
    salary += sal;                             // 私有成员变量 salary 可以在类内部访问
}
}
```

上述代码声明员工类时,设置了它的三个成员都是私有的,方法 adjust()也是私有的,私有的方法和成员变量只能在类的内部访问。

为了测试上述代码,可以修改 Main 类代码如下:

```
package exercise7_6_1;

//代码文件 Main.java
//7.6.1 私有级别
public class Main {

    public static void main(String args[]) {
        // 通过 Employee 类创建 emp1 对象
        Employee emp1 = new Employee("Tony", 1001, 5000);
        System.out.printf("员工 % s 编号: % s 薪水: % s,所在公司: % s % n",
                emp1.name,                     // 编译错误,无法访问 name 成员变量
                emp1.no,                       // 编译错误,无法访问 no 成员变量
                emp1.salary);                  // 编译错误,无法访问 salary 成员变量

        emp1.adjust();                         // 编译错误,无法访问 adjust()方法
    }
}
```

上述代码会有编译错误,也是因为这里试图访问员工类的私有成员。

## 7.6.2 默认级别

微课视频

默认级别没有关键字,也就是没有访问修饰符。默认级别的成员变量和方法可以在其所在类内部和同一个包的其他类中被直接访问,但在不同包的类中则不允许直接访问。

默认级别示例代码如下:

```
package exercise7_6_2;

//代码文件 Employee.java
//员工类
public class Employee {
    /**
     * 构造方法
     *
     * @param name,员工姓名
     * @param no,员工编号
     * @param sal,薪水
```

```
    */
    public Employee(String name, int no, double sal) {    // 构造方法
        this.name = name;                                  // 通过 name 参数初始化成员变量 name
        this.no = no;                                      // 通过 no 参数初始化成员变量 no
        this.salary = sal;                                 // 通过 sal 参数初始化成员变量 salary
    }

    String name;                                           // 默认级别实例变量
    int no;                                                // 默认级别实例变量
    double salary;                                         // 默认级别实例变量


    /**
     * 调整薪水方法
     *
     * @param sal,调整的薪水
     */
    private void adjust(double sal) {                      // 声明实例成员方法
        salary += sal;
    }
}
```

上述代码声明的成员变量都是默认级别。

为了测试上述代码，可以修改 Main 类代码如下：

```
package exercise7_6_2;

//代码文件 Main.java
//7.6.2 默认级别
public class Main {

    public static void main(String args[]) {
        // 通过 Employee 类创建 emp1 对象
        Employee emp1 = new Employee("Tony", 1001, 5000);
        System.out.printf("员工 % s 编号：% s 薪水：% s,所在公司：% s % n",
                emp1.name,                                 // 访问 name 成员变量
                emp1.no,                                   // 访问 no 成员变量
                emp1.salary);                              // 访问 salary 成员变量

        emp1.adjust();                                     // 编译错误,无法访问 adjust()方法
    }
}
```

## 7.6.3　保护级别

微课视频

保护级别的关键字是 protected。保护级别在同一包中与默认访问级别完全一样，但是不同包中子类能够继承父类中的 protected 变量和方法，所谓保护就是保护某个类的子类都能继承该类的变量和方法。

保护级别示例代码如下：

```
package exercise7_6_3;

//代码文件 Employee.java
//员工类
public class Employee {

    protected String name;              // 保护级别实例变量
    protected int no;                   // 保护级别实例变量
    private double salary;              // 私有级别实例变量


    /**
     * 调整薪水方法
     *
     * @param sal,调整的薪水
     */
    protected void adjust(double sal) {     // 保护级别实例变量
        salary += sal;
    }
}
```

继承员工类的秘书类代码如下：

```
package exercise7_6_3;

//代码文件 Employee.java
//秘书类
public class Secretary extends Employee {
    public Secretary() {
    }
    public void showInfo() {
        this.adjust(900);               //从父类继承的成员方法
        System.out.printf("员工%s 编号:%s 薪水:%s%n",
                this.name,              //从父类继承的成员变量
                this.no,                //从父类继承的成员变量
                this.salary);           //编译错误,无法继承 salary 成员变量     ①
    }
}
```

上述代码第①行会有编译错误,这是因为子类无法继承父类的私有成员。

## 7.6.4 公有级别

公有级别的关键字是 public。公有级别的成员变量和方法可以在任何场合被直接访问,是最宽松的访问控制等级,使用很简单,这里不再赘述。

## 7.7 动手练一练

**1. 选择题**

（1）下列哪一项不属于面向对象程序设计的基本要素？（　　　）

    A. 类　　　　　　　　B. 对象　　　　　　C. 方法　　　　　　D. 安全

（2）定义一个类名为 MyClass.java 的类，且该类可被一个项目中的所有类访问，那么该类的正确声明应为（　　　）。

    A. private class MyClass extends Object

    B. class MyClass extends Object

    C. public class MyClass

    D. public class MyClass extends Object

（3）下面哪项编译不会出错？（　　　）

    A. package testpackage;　　　　　　B. import java.io. * ;
       public class Test{//do something...}　　   package testpackage;
       class MyClass{}　　　　　　　　　   public class Test{//do something...}

    C. import java.io. * ;　　　　　　　D. import java.io. * ;
       class Person{//do something...}　　   import java.awt. * ;
       public class Test{//do something...}　 public class Test{//do something...}

（4）下述哪些说法是正确的？（　　　）

    A. 实例变量是类的成员变量　　　　　B. 实例变量是用 static 关键字声明的

    C. 方法变量在方法执行时创建　　　　D. 方法变量在使用之前必须初始化

（5）下列哪个方法与方法 public void add(int a){}互为合理的重载方法？（　　　）

    A. public int add(int a)　　　　　　B. public void add(long a)

    C. public void add(int a,int b)　　　D. public void add(float a)

**2. 判断题**

用 static 修饰的方法称为类方法，它不属于类的具体对象，而是整个类的类方法。（　　　）

# 第8章

# 面向对象进阶

第7章介绍Java语言面向对象的基础内容,本章介绍Java语言中面向对象的高级内容。

## 8.1 类的继承性

出于构建可复用性、可扩展性、健壮性的软件系统等目的,面向对象提供了继承性。根据父类的数量不同,继承可以分为单继承和多继承。单继承只有一个父类,如图8-1所示;而多继承可以有多个父类,如图8-2所示。Java语言只支持单继承,不支持多继承。

图8-1 单继承只有一个父类

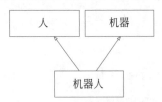

图8-2 多继承可以有多个父类

### 8.1.1 Java语言中实现继承

如图8-3所示是一个类图,其中Employee是子类,Person是父类。

实现如图8-3所示类图的代码如下:

Person.java文件:

```java
// Person.java 文件
package exercise8_1_1;

import java.util.Date;

public class Person {

    // 名字
    private String name;
    // 年龄
```

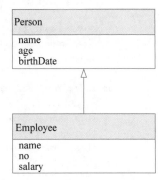

图8-3 Person 类图

微课视频

```java
    private int age;
    // 出生日期
    private Date birthDate;

    // 三个参数构造方法
    public Person(String name, int age, Date d) {
        this.name = name;
        this.age = age;
        birthDate = d;
    }

    public Person(String name, int age) {
        // 调用三个参数构造方法
        this(name, age, null);
    }

    public Person(String name) {
        // 调用三个参数构造方法
        this(name, 18, null);
    }

    @Override
    public String toString() {
        return "Person [name = " + name
                + ", age = " + age
                + ", birthDate = " + birthDate + "]";
    }
}
```

Employee.java 文件：

```java
package exercise8_1_1;

//代码文件 Employee.java
//员工类
public class Employee extends Person {                          ①
    /**
     * 构造方法
     *
     * @param name,员工姓名
     * @param no,员工编号
     * @param sal,薪水
     */
    public Employee(String name, int no, double sal) {
        super(name);                    // 调用父类构造方法      ②
        this.name = name;               // 通过 name 参数初始化成员变量 name
        this.no = no;                   // 通过 no 参数初始化成员变量 no
        this.salary = sal;              // 通过 sal 参数初始化成员变量 salary
    }

    String name;                        // 默认级别实例变量
```

```
    int no;                            // 默认级别实例变量
    private double salary;             // 私有级别实例变量


    /**
     * 调整薪水方法
     *
     * @param sal,调整的薪水
     */
    private void adjust(double sal) {   // 声明实例成员方法
        salary += sal;
    }
}
```

上述 Employee. java 文件代码第①行声明 Employee 类,其中 extends Person 声明 Employee 类继承 Person 类。

代码第②行 super(name)调用父类的只有一个参数的构造方法,用于初始化父类的成员变量。

Main. java 文件:

```
package exercise8_1_1;
//代码文件 Main. java
//Main 类
public class Main {

    public static void main(String args[]) {

        Person p1 = new Person("Tony");              // 通过 Person 类创建 p1 对象
        Employee emp1 = new Employee("Ben", 1002, 4500); // 通过 Employee 类创建 emp1 对象

        System.out.println(p1);                                        ①
        System.out.printf("员工:%s 编号:%s%n", emp1.name, emp1.no);     ②
    }
}
```

上述 Main. java 文件代码中第①行打印 p1 对象,打印对象会调用对象的 toString()方法,将对象转换为字符串并打印输出;代码第②行的 emp1. name 表达式是访问 emp1 对象的 name 成员变量,该变量事实上是从父类 Person 继承而来的。

上述代码执行结果如下:

```
Person [name = Tony, age = 18, birthDate = null]
员工:Ben 编号:1002
```

## 8.1.2　成员变量隐藏

如果子类成员变量名与父类相同,则会屏蔽父类中的成员变量,该规则称为成员变量隐藏。示例代码如下:

微课视频

```
//ParentClass.java 文件
package exercise8_1_2;

class ParentClass {
    // x 成员变量
    int x = 100;                                                    ①
}

class SubClass extends ParentClass {
    // 屏蔽父类 x 成员变量
    int x = 500;                                                   ②
    public void print() {
        // 访问子类对象 x 成员变量
        System.out.println("x = " + x);                           ③
        // 访问父类 x 成员变量
        System.out.println("super.x = " + super.x);               ④
    }
}
```

调用代码如下：

```
//代码文件 Main.java
package exercise8_1_2;
//Main 类
public class Main {

    public static void main(String args[]) {
        //实例化子类 SubClass
        SubClass pObj = new SubClass();
        //调用子类 print 方法
        pObj.print();
    }
}
```

运行结果如下：

```
x = 500
super.x = 100
```

上述代码第①行在父类 ParentClass 中声明 x 成员变量；代码第②行在子类 SubClass 中声明了 x 成员变量，它会屏蔽 ParentClass 类中的 x 成员变量；代码第③行访问的 x 变量是子类 SubClass 中的 x 成员变量；代码第④行 super.x 调用父类中的 x 成员变量。

### 8.1.3 方法的重写

如果子类方法完全与父类方法相同，即方法名、参数列表和返回值相同，只是方法体不同，则称为子类重写（override）父类方法。

下面看一个重写方法的示例，首先声明父类 Person，代码如下：

// Person.java 文件

微课视频

```java
package exercise8_1_3;

import java.util.Date;

public class Person {

    // 名字
    private String name;
    // 年龄
    private int age;
    // 出生日期
    private Date birthDate;

    // 三个参数构造方法
    public Person(String name, int age, Date d) {
        this.name = name;
        this.age = age;
        birthDate = d;
    }

    public Person(String name, int age) {
        // 调用三个参数构造方法
        this(name, age, null);
    }

    public Person(String name) {
        // 调用三个参数构造方法
        this(name, 18, null);
    }

    public void show() {                          ①
        System.out.printf("Person [name = %s, age = %d, 生日 = %s ] %n", name, age, birthDate);
    }
}
```

在父类中声明了 show()方法,见代码第①行。再编写子类 Employee 代码如下:

```java
package exercise8_1_3;

//代码文件 Employee.java
//员工类
public class Employee extends Person {
    /**
     * 构造方法
     *
     * @param name,员工姓名
     * @param no,员工编号
     * @param sal,薪水
     */
    public Employee(String name, int no, double sal) {
        super(name);                        // 调用父类构造方法
```

```
        this.name = name;              // 通过 name 参数初始化成员变量 name
        this.no = no;                  // 通过 no 参数初始化成员变量 no
        this.salary = sal;             // 通过 sal 参数初始化成员变量 salary
    }

    String name;                       // 默认级别实例变量
    int no;                            // 默认级别实例变量
    private double salary;             // 私有级别实例变量


    /**
     * 调整薪水方法
     *
     * @param sal,调整的薪水
     */
    private void adjust(double sal) {   // 声明实例成员方法
        salary += sal;
    }

    @Override
    public void show() {                    ①
        System.out.printf("Employee [name = % s] % n", name);
    }
}
```

上述代码第①行重写父类的 show()方法,在声明方法时添加了@Override 注解。@Override 注解不是方法重写必须的,它只是锦上添花,但添加@Override 注解有两个好处。

(1) 提高程序的可读性。

(2) 编译器检查@Override 注解的方法在父类中是否存在,如果不存在,则报错。

调用代码如下:

```
package exercise8_1_3;
//代码文件 Main.java
//Main 类
public class Main {

    public static void main(String args[]) {

        Person p1 = new Person("Tony");                    // 通过 Person 类创建 p1 对象
        Employee emp1 = new Employee("Ben", 1002, 4500);   // 通过 Employee 类创建 emp1 对象

        p1.show();
        emp1.show();
    }
}
```

运行结果如下:

```
Person [name = Tony, age = 18,生日 = null ]
Employee [name = Ben]
```

方法重写时应遵循的原则如下：

（1）重写后的方法不能比原方法的访问控制更严格（可以相同）。例如，将代码第②行访问控制 public 修改为 private,那么会发生编译错误，因为父类原方法是 protected。

（2）重写后的方法不能比原方法产生更多异常。

## 8.2 多态

在面向对象程序设计中，多态是一个非常重要的特性，理解多态有利于进行面向对象的分析与设计。

### 8.2.1 多态概念

发生多态有三个前提条件。

（1）继承。多态发生在子类和父类之间。

（2）重写。子类重写了父类的方法。

（3）声明的变量类型是父类引用，但实例是子类实例。

如图 8-4 所示 Shape 类图中，有一个父类 Shape（几何图形）和一个计算面积方法 area(),Shape 类有两个子类 Square 和 Circle,两个子类重写 area()方法。

实现代码如下：

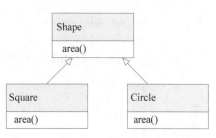

图 8-4 Shape 类图

```
// Shape.java 文件
package exercise8_2_1;

public class Shape {
    double area() {
        return 0;                          //TODO 在子类中确定
    }

    // 名字
    private String name;                   //TODO 在子类中确定
}
```

### 8.2.2 多态下的重写方法

要发生多态，需要继承 Shape 类，然后重写方法 area()。

本例的 Square 类是 Shape 类的子类，实现代码如下：

```
// Shape.java 文件
package exercise8_2_2;
```

```java
public class Square extends Shape {
    /**
     * @param length 正方形的边长
     * @param name 正方形的名字
     */
    public Square(double length, String name) {
        this.length = length;
        this.name = name;
    }

    @Override
    double area() {
        return this.length * this.length;              // 计算正方形的面积
    }

    // 名字
    private String name = "Square";
    // 边长
    private double length;
}
```

本例的 Circle 类是 Shape 类的子类，实现代码如下：

```java
package exercise8_2_2;

//代码文件 Circle.java
//员工类
public class Circle extends Shape {
    /**
     * @param radius 圆形的半径
     * @param name 圆形的名字
     */
    public Circle(double radius, String name) {
        this.radius = radius;
        this.name = name;
    }

    @Override
    double area() {
        return Math.PI * this.radius * this.radius;      // 计算圆形的面积
    }

    // 名字
    private String name = "Circle";
    // 半径
    private double radius;
}
```

调用代码如下：

```
package exercise8_2_2;

//代码文件 Main.java
//Main 类
public class Main {

    public static void main(String args[]) {
        Shape shapeA = new Square(4, "Square");            // 创建正方形对象 shapeA
        Shape shapeB = new Circle(7, "Circle");            // 创建圆形对象 shapeB
        double area1 = shapeA.area();
        System.out.printf("shapeA 的面积:%.3f%n", area1);
        double area2 = shapeB.area();
        System.out.printf("shapeB 的面积:%.3f%n", area2);
    }

}
```

上述代码执行结果如下：

```
shapeA 的面积:16.000
shapeB 的面积:153.938
```

上述代码在创建 shapeA 和 shapeB 对象时,声明它们的数据类型是 Shape,而实例是子类,这个过程中发生了多态。

## 8.2.3　引用类型检查

有时需要在运行时判断一个对象是否属于某个引用类型,这时可以使用 instanceof 运算符。instanceof 运算符语法格式如下：

```
obj instanceof type
```

其中,obj 是一个对象,type 是引用类型,如果 obj 对象是 type 引用类型实例,则返回 true,否则返回 false。

示例代码如下：

```
package exercise8_2_3;

//代码文件 Main.java
//Main 类
public class Main {

    public static void main(String args[]) {
        Shape shapeA = new Square(4, "Square");            // 创建正方形对象 shapeA
        Shape shapeB = new Circle(7, "Circle");            // 创建圆形对象 shapeB

        //判断 shapeA 是否为 Square 实例
        boolean result1 = shapeA instanceof Square;
        System.out.println("shapeA 是 Square 实例? " + result1);

        //判断 shapeB 是否为 Circle 实例
```

微课视频

```
        result1 = shapeB instanceof Circle;
        System.out.println("shapeB 是 Circle 实例? " + result1);
    }
  }
}
```

输出结果如下：

```
shapeA 是 Square 实例? true
shapeB 是 Circle 实例? true
```

微课视频

### 8.2.4　引用类型转换

在 3.2 节介绍过数值类型相互转换。引用类型也可以进行转换，但并不是所有的引用类型都能互相转换，只有属于同一棵继承层次树中的引用类型才可以转换。

示例代码如下：

```
package exercise8_2_4;

//代码文件 Main.java
//Main 类
public class Main {

    public static void main(String args[]) {
        Shape shape1 = new Square(4, "Square");   // 创建正方形对象
        Shape shape2 = new Circle(7, "Circle");   // 创建圆形对象

        Square shape3 = (Square) shape1;           // 转换成功                            ①
        Circle shape4 = (Circle) shape2;           // 转换成功                            ②
        Circle shape5 = (Circle) shape1;           // 转换失败, 发生 ClassCastException 异常 ③
    }
}
```

上述代码中创建 shape1 和 shape2 两个对象，分别是正方形和圆形实例。

代码第①行执行成功，这是因为 shape1 就是正方形实例。

代码第②行执行成功，这是因为 shape2 就是圆形实例。

代码第③行执行失败，这是因为 shape1 不是正方形实例。

微课视频

## 8.3　抽象类

Java 语言提供了两种类：一种是具体类，另一种是抽象类。前面章节中接触的类都是具体类，本节介绍抽象类。

### 8.3.1　抽象类概念

在 8.2 节介绍多态时，实现父类 Shape（几何图形）时虽然有 area( ) 方法，但是该方法事

实上不能做任何事情,因为只有在知道是什么样的几何图形后才能确定如何计算它的面积。这种必须在子类中实现的方法称为抽象方法。

### 8.3.2　声明和实现抽象类

在 Java 中,抽象类和抽象方法的修饰符是 abstract。声明抽象类 Shape 的示例代码如下:

```
// Shape. java 文件
//抽象类
package exercise8_3_2;

public abstract class Shape {          // 声明抽象类          ①
    abstract double area();            // 声明抽象方法          ②

    // 名字
    private String name;
}
```

代码第①行声明抽象类,在类前面加上 abstract 修饰符。

代码第②行声明抽象方法,方法前面的修饰符也是 abstract。注意,抽象方法中只有方法的声明,没有方法的实现,即没有大括号({})部分。

抽象相关问题归纳如下:

(1) 如果一个方法被声明为抽象的,那么其所属的类也必须声明为抽象的。

(2) 一个抽象类中可以有 0～n 个抽象方法,以及 0～n 个具体方法。

(3) 设计抽象方法的目的就是让子类实现该方法,否则抽象方法就没有任何意义。

(4) 抽象类不能被实例化,只有具体类才能被实例化。

实现抽象类方法与继承一个普通的父类没有区别,这里不再赘述。

## 8.4　接口

比抽象类更加抽象的是接口,面向对象设计的原则之一就是"面向接口的编程",简单来说,第一选择是将父类设计称为接口,其次是抽象类,最后才是具体类。

### 8.4.1　抽象类与接口区别

抽象类与接口中都可以声明很多抽象方法,那么抽象类和接口有什么区别? 本节就回答这个问题。

微课视频

抽象类与接口的区别如下:

(1) 接口支持多继承,而抽象类(包括具体类)只能继承一个父类。

(2) 接口中不能有实例成员变量,接口所声明的成员变量全部是静态常量,即便变量不加 public static final 修饰符也是静态常量。抽象类与普通类一样,各种形式的成员变量都可以声明。

（3）接口中不包含构造方法。由于没有实例成员变量，也就不需要构造方法。而抽象类是有构造方法的。

微课视频

## 8.4.2 声明接口

将 8.2 节的几何图形类 Shape 改成接口，在 Java 中接口的声明使用的关键字是 interface。声明接口 Shape 示例代码如下：

```java
// Shape.java 文件
/声明接口
package exercise8_4_2;

public interface Shape {                 // 声明接口              ①
    double area();                       // 声明中的抽象方法      ②

    // 名字
    String name = "";                                           ③
}
```

代码第①行声明 Shape 接口，声明接口使用 interface 关键字，interface 前面的修饰符是 public 或省略。public 是公有访问级别，可以在任意位置访问。省略时是默认访问级别，只能在当前包中访问。

代码第②行声明抽象方法，即省略了 public 关键字。

代码第③行声明接口中的成员变量。在接口中成员变量都是静态成员变量，即省略了 public static final 修饰符。

微课视频

## 8.4.3 实现接口

某个类实现接口时，要在声明时使用 implements 关键字，多个接口之间用逗号（,）分隔。实现接口时要实现接口中声明的所有方法。

实现接口 Shape 的 Square 类示例代码如下：

```java
// Shape.java 文件
package exercise8_4_3;

public class Square implements Shape {                          ①
    /**
     * @param length 正方形的边长
     * @param name 正方形的名字
     */
    public Square(double length, String name) {
        this.length = length;
        this.name = name;
    }

    @Override
```

```java
    public double area() {
        return this.length * this.length;          // 计算正方形面积
    }

    // 名字
    private String name = "Square";
    // 边长
    private double length;
}
```

上述代码第①行声明 Square 类实现 Shape 接口。

实现接口 Shape 的 Circle 类示例代码如下：

```java
package exercise8_4_3;

//代码文件 Circle.java
//员工类
public class Circle implements Shape {                    ①
    /**
     * @param radius 圆形的半径
     * @param name 圆形的名字
     */
    public Circle(double radius, String name) {
        this.radius = radius;
        this.name = name;
    }

    @Override
    public double area() {
        return Math.PI * this.radius * this.radius;    // 计算圆形面积
    }

    // 名字
    private String name = "Circle";
    // 半径
    private double radius;
}
```

上述代码第①行声明 Circle 类实现 Shape 接口。

调用代码如下：

```java
package exercise8_4_3;

//代码文件 Main.java
//Main 类
public class Main {

    public static void main(String args[]) {
        Shape shapeA = new Square(4, "Square");        // 创建正方形对象 shapeA
        Shape shapeB = new Circle(7, "Circle");        // 创建圆形对象 shapeB
        double area1 = shapeA.area();
```

```
        System.out.printf("shapeA 的面积:%.3f%n", area1);
        double area2 = shapeB.area();
        System.out.printf("shapeB 的面积:%.3f%n", area2);

    }
}
```

调用代码执行结果如下：

```
shapeA 的面积:16.000
shapeB 的面积:153.938
```

💡 **注意**：接口与抽象类一样，都不能被实例化。

微课视频

## 8.5 内部类

Java 语言中允许在一个类（或方法、代码块）的内部声明另一个类，后者称为内部类（inner classes），也称嵌套类（nested classes），封装它的类称为外部类。内部类与外部类之间存在逻辑上的隶属关系，内部类一般只在封装它的外部类或代码块中使用。

内部类的作用如下。

（1）封装。将不想公开的实现细节封装到一个内部类中，内部类可以声明为私有的，只能在其所在的外部类中访问。

（2）提供命名空间。静态内部类和外部类能够提供有别于包的命名空间。

（3）便于访问外部类成员。内部类能够很方便地访问所在外部类的成员，包括私有成员。

内部类可分为普通内部类和匿名内部类。

### 8.5.1 普通内部类

微课视频

这与声明普通类类似，声明普通内部类时也要为其分配一个名字，只不过普通内部类嵌套在其他类中。

普通内部类示例代码如下：

```
package exercise8_5_1;
//代码文件 Main.java
//Main 类
public class Main {                                  // 外部类          ①
    public class MyInnerClass {                      // 声明内部类      ②
        public void display() {                                        ③
            System.out.println("内部类...");
        }
    }
    public static void main(String args[]) {
```

```
        Main objOuterClass = new Main();

        Main.MyInnerClass objInnerClass;                   // 声明内部类           ④
        objInnerClass = objOuterClass.new MyInnerClass();  // 实例化内部类对象      ⑤
        objInnerClass.display();                           // 调用内部方法
    }
}
```

代码第①行是 Main 类；代码第②行在 Main 类中声明内部类 MyInnerClass，这个内部类声明方式与普通外部类没有区别。

代码第③行的 display()方法是内部类 MyInnerClass 中声明的方法。

代码第④行声明内部引用类型，它的格式是"外部类名.内部类名"。

代码第⑤行实例化内部对象，这与一般类实例化没有区别。

运行结果这里不再赘述。

## 8.5.2 匿名内部类

微课视频

顾名思义，匿名内部类就是没有给它分配名字的内部类。事实上，为了节省篇幅，匿名内部应用场景比普通内部类多。

匿名内部类由于没有名字，因此没有构造方法，在声明时需要重写父类或实现接口的方法。

使用匿名内部类的示例代码如下：

```
package exercise8_5_2;

//代码文件 Main.java
//Main 类

// 声明一个接口
abstract class Person {                                                    ①
    // 抽象方法
    abstract void eat();
}

public class Main {

    public static void main(String args[]) {
        Person person1,person2;                          // 声明两个 Person 变量
        person1 = new Person() {                          // 实例化 person1 对象    ②
            @Override
            void eat() {                                  // 实现抽象方法          ③
                System.out.println("喜欢吃水果!");
            }
        };
        person2 = new Person() {                          // 实例化 person2 对象    ④

            @Override
            void eat() {                                  // 实现抽象方法          ⑤
                System.out.println("喜欢吃肉!");
```

```
        }
    };
    person1.eat();                                    // 调用实例方法
    person2.eat();                                    // 调用实例方法
    }
}
```

代码第①行声明了抽象类 Person，它有一个抽象方法，用于测试匿名内部类。

代码第②行和第④行分别实例化两个对象，注意在实例化这些对象时，需要实现抽象类的抽象方法 eat()，见代码第③行和第⑤行。

上述代码运行结果如下：

喜欢吃水果！
喜欢吃肉！

## 8.6 动手练一练

**1. 选择题**

（1）下列哪些说法是正确的？（　　）

    A. Java 语言只允许单一继承

    B. Java 语言只允许实现一个接口

    C. Java 语言不允许同时继承一个类并实现一个接口

    D. Java 语言的单一继承使得代码更加可靠

（2）现在有两个类：Person 与 Chinese，Chinese 试图继承 Person 类，如下选项中哪个是正确的写法？（　　）

    A. class Chinese extents Person{}　　　B. class Chinese extants Person{}

    C. class Chinese extends Person{}　　　D. class Chinese extands Person{}

（3）类 Teacher 和 Student 是类 Person 的子类，有如下代码：

```
Person p;
Teacher t;
Student s;
//假设 p、t 、s 都是非空的
if(t instance of Person) { s = (Student)t; }
```

最后一条语句的结果是（　　）。

    A. 将构造一个 Student 对象　　　B. 表达式是合法的

    C. 表达式是错误的　　　D. 编译时正确，但运行时错误

（4）有如下代码：

```
class Parent {
    private String name;
    public Parent(){}
}
```

```
public class Child extends Parent {
    private String department;
    public Child() {}
    public String getValue(){ return name; }
    public static void main(String arg[]) {
        Parent p = new Parent();
    }
}
```

其中哪些行将引起错误？（　　）

A. 第 3 行 　　　　 B. 第 6 行 　　　　 C. 第 7 行 　　　　 D. 第 8 行

（5）有如下代码：

```
public class parent {
    int change() {}
}
class Child extends Parent { }
```

哪些方法可加入类 Child 中？（　　）

A. public int change(){} 　　　　　　 B. int chang(int i){}

C. private int change(){} 　　　　　　 D. abstract int chang(){}

## 2. 判断题

声明为 final 的方法不能在子类中重载。（　　）

# 第 9 章

# 常 用 类

Java 的类数量众多,本书不可能一一介绍。本章归纳 Java 中在日常开发过程中常用的类。

## 9.1 Object 类

Object 类是 Java 所有类的根类,是所有类的"祖先",Java 所有类都直接或间接继承自 Object 类。Object 类属于 java.lang 包中的类型,不需要显式使用 import 语句引入,而是由解释器自动引入。

Object 类有很多方法,常用的方法如下:

(1) String toString():返回该对象的字符串表示。

(2) boolean equals(Object obj):测试 obj 对象是否与此对象相等。

这些方法都是需要在子类中用来重写的,下面详细解释它们的用法。

### 9.1.1 toString()方法

微课视频

为了日志输出等处理方便,所有对象都可以以文本方式表示,需要在该对象所在类中重写 toString()方法。如果没有重写 toString()方法,默认的字符串将是"类名@对象的十六进制哈希码"。

下面看一个示例,该示例声明一个 Person 类,具体代码如下:

```java
// Person.java 文件
package exercise9_1_1;
//9.1.1 toString()方法

public class Person {                    // 声明 Person 类
    String name;
    int age;

    public Person(String name, int age) {
        this.name = name;
        this.age = age;
```

```
    }

    @Override
    public String toString() {          //重写 Object 类的 toString()方法          ①
        return "Person{" +
                "name = '" + name + '\'' +
                ", age = " + age +
                '}';
    }
}
```

上述代码第①行重写 toString()方法,返回字符串完全是自定义的,只要能够表示当前类和当前对象即可,本例是将 Person 成员变量拼接成一个字符串。

调用代码如下:

```
package exercise9_1_1;
//代码文件 Main.java
//Main 类
public class Main {

    public static void main(String args[]) {
        Person person = new Person("Tony", 38);
        //打印过程自动调用 person 的 toString()方法
        System.out.println(person);
    }
}
```

输出结果如下:

```
Person{name = 'Tony', age = 38}
```

使用 System.out.println 等输出语句可以自动调用对象的 toString()方法,将对象转换为字符串输出。读者可以测试一下,如果 Person 中没有重写 toString()方法会怎样。

## 9.1.2　对象比较方法

微课视频

前面介绍字符串比较时,曾经介绍过两种比较方法:＝＝运算符和 equals()方法,＝＝运算符用于比较两个引用变量是否指向同一个实例,equals()方法用于比较两个对象的内容是否相等。比较字符串时,通常只关心其内容是否相等。

equals()方法是继承自 Object 类的,所有对象都可以通过 equals()方法比较,问题是比较的规则是什么,例如,两个人(Person 对象)相等是指什么,是名字相同,还是年龄相等?问题的关键是需要指定相等的规则,即指定比较的是哪些属性相等,所以需要重写 equals()方法,在该方法中指定比较规则。

修改 Person 代码如下:

```
// Person.java 文件
package exercise9_1_2;
//9.1.1 toString()方法
```

```
public class Person {                                    // 声明 Person 类
    String name;
    int age;

    public Person(String name, int age) {
        this.name = name;
        this.age = age;
    }

    @Override
    public boolean equals(Object otherObject) {                          ①
        if (otherObject instanceof Person) {     //判断参数是否为 Person 类型   ②
            Person otherPerson = (Person) otherObject;                   ③
            if (this.age == otherPerson.age) {   // 将年龄作为比较规则
                return true;                     // 年龄相等则返回 true      ④
            }
        }
        return false;                            // 年龄不相等则返回 false
    }

    @Override
    public String toString() {                   //重写 Object 类的 toString()方法
        return "Person{" +
            "name = '" + name + '\'' +
            ", age = " + age +
            '}';
    }
}
```

上述代码第①行重写 equals()方法；为了防止传入的参数对象不是 Person 类型，需要使用 instanceof 运算符判断，见代码第②行；如果传入的参数是 Person 类型，则通过代码第③行强制类型转换为 Person。代码第④行进行比较，把年龄作为比较是否相等的规则，不管其他属性如何，只要年龄相等，即认为两个 Person 对象相等。

调用代码如下：

```
package exercise9_1_2;
//代码文件 Main.java
//Main 类
public class Main {

    public static void main(String args[]) {
        Person p1 = new Person("Tony", 18);
        Person p2 = new Person("Tom", 18);

        System.out.println(p1.equals(p2));       // 比较 p1 和 p2 年龄是否相等
        System.out.println(p1 == p2);            // 比较 p1 和 p2 是否为同一对象
    }
}
```

上述代码中创建了两个 Person 对象,二者年龄相同。这两个 Person 对象使用==运算符比较的结果是 false,因为它们是两个不同的对象,但使用 equals()方法比较的结果则是 true。

输出结果如下:

```
true
false
```

## 9.2 包装类

Java 中的八种基本数据类型均不属于类,不具备对象的特征,没有成员变量和方法,不方便进行面向对象的操作。为此,Java 提供包装类(Wrapper Class)将基本数据类型包装成类,每个 Java 基本数据类型在 java.lang 包中都有一个相应的包装类,每个包装类对象封装一个基本数据类型数值。对应关系如表 9-1 所示,除 int 和 char 类型外,其他类型对应规则就是基本数据类型第一个字母大写即为包装类。

表 9-1 基本数据类型和包装类的对应关系

| 基本数据类型 | 包 装 类 | 基本数据类型 | 包 装 类 |
| --- | --- | --- | --- |
| boolean | Boolean | int | Integer |
| byte | Byte | long | Long |
| char | Character | float | Float |
| short | Short | double | Double |

类似于 String 类,包装类都不能被继承,一旦创建了对象,包装类内容就不可以修改。包装类主要用于各种类型之间的转换,下面分别详细介绍。

### 9.2.1 从对象到基本数据类型的转换

Byte、Short、Integer、Long、Float 和 Double 这几个类都是数值类型相关的包装类,它们有相同的父类 Number,如图 9-1 所示。

微课视频

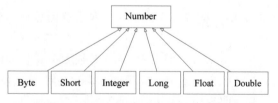

图 9-1 几个数值类型相关的包装类有相同的父类

Number 类有六个方法可以将包装类对象转换为对应基本数据类型。

(1) byte byteValue():将当前包装类对象转换为 byte 类型数据。

(2) double doubleValue():将当前包装类对象转换为 double 类型数据。

(3) float floatValue():将当前包装类对象转换为 float 类型数据。

（4）int intValue()：将当前包装类对象转换为 int 类型数据。

（5）long longValue()：将当前包装类对象转换为 long 类型数据。

（6）short shortValue()：将当前包装类对象转换为 short 类型数据。

需要注意的是，大范围数值转换为小范围的数值，如果数值本身很大，可能会导致精度的丢失。

示例代码如下：

```java
package exercise9_2_1;
//代码文件 Main.java
//Main 类
public class Main {

    public static void main(String args[]) {

        Integer num1 = new Integer("5"); // 创建 Integer(5)对象                        ①
        Integer num2 = 5;                // 整数 5 会自动转换为 Integer 对象,即 Integer(5) ②

        float f = num1.floatValue();     // 通过 Integer(5)对象的方法获得 float 数值
        long d = num2.longValue();       // 通过 Integer(5)对象的方法获得 long 数值

        System.out.println("Integer 转换为 float:" + f);
        System.out.println("integer 转换为 long:" + d);
    }
}
```

上述代码第①行创建 Integer(5) 对象，不推荐使用这种写法；代码第②行也是创建 Integer(5) 对象，直接将基本数据赋值给对象时，它会自动转换为对象。

上述示例代码运行结果如下：

```
Integer 转换为 float:5.0
integer 转换为 long:5
```

微课视频

## 9.2.2　从基本数据类型到对象的转换

每一个数值包装类都提供一些静态 valueOf()方法返回数值包装类对象。以 Integer 为例，方法定义如下：

（1）static Integer valueOf(int i)：将 int 参数 i 转换为 Integer 对象。

（2）static Integer valueOf(String s)：将 String 参数 s 转换为 Integer 对象。

（3）static Integer valueOf(String s,int radix)：将 String 参数 s 转换为 Integer 对象，其中 radix 是指定基数，用来指定进制，默认是 10，即十进制。

示例代码如下：

```java
package exercise9_2_2;

//代码文件 Main.java
```

```java
//Main类
public class Main {

    public static void main(String args[]) {

        Integer num1 = Integer.valueOf(9);          // 9
        Double num2 = Double.valueOf(5);            // 5.0
        Float num3 = Float.valueOf("80");           // 80.0

        System.out.println(num1);
        System.out.println(num2);
        System.out.println(num3);
    }
}
```

上述代码比较简单,这里不再赘述。

## 9.2.3　将字符串转换为基本数据类型

微课视频

每一个数值包装类都提供一些静态 parseXXX()方法将字符串转换为对应的基本数据类型。以 Integer 为例,方法定义如下:

(1) static int parseInt(String s):将字符串 s 转换为有符号的十进制整数。

(2) static int parseInt(String s,int radix):将字符串 s 转换为有符号的整数,radix 是指定基数,基数用来指定进制。注意,这种指定基数的方法在浮点数包装类(Double 和 Float)中是没有的。

示例代码如下:

```java
package exercise9_2_3;

//代码文件 Main.java
//Main类
public class Main {

    public static void main(String args[]) {

        Integer num1 = Integer.valueOf("888", 16);   // 2184
        int num2 = Integer.parseInt("AB", 16);       // 171
        int num3 = Integer.parseInt("1001", 2);      // 9

        System.out.println(num1);
        System.out.println(num2);
        System.out.println(num3);
    }
}
```

上述代码比较简单,这里不再赘述。

## 9.3　大数值类

对货币等大值数据进行计算时，int、long、float 和 double 等基本数据类型在精度方面已经不能满足需求了。为此 Java 提供了两个大数值类：java. math. BigInteger 和 java. math. BigDecimal，这两个类都继承自 java. lang. Number 抽象类，如图 9-2 所示。

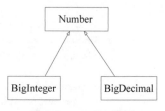

图 9-2　Number 类图

### 9.3.1　BigInteger 类

微课视频

java. math. BigInteger 也是不可变的任意精度的大整数。BigInteger 类构造方法有很多，其中字符串参数的构造方法有两个。

（1）BigInteger(String val)：将十进制字符串 val 转换为 BigInteger 对象。

（2）BigInteger（String val，int radix）：按照指定基数 radix，将字符串 val 转换为 BigInteger 对象。

BigInteger 类提供多种方法，下面列举几个常用的方法。

（1）BigInteger add(BigInteger val)：加运算，当前对象数值加参数 val。

（2）BigInteger subtract(BigInteger val)：减运算，当前对象数值减参数 val。

（3）BigInteger multiply(BigInteger val)：乘运算，当前对象数值乘参数 val。

（4）BigInteger divide(BigInteger val)：除运算，当前对象数值除以参数 val。

另外，BigInteger 类继承了抽象类 Number，所以它还实现抽象类 Number 的六个方法，具体方法参考 9.2 节。

示例代码如下：

```
package exercise9_3_1;

import java.math.BigInteger;                              // 导入 BigInteger 类

//代码文件 Main. java
//Main 类
public class Main {

    public static void main(String args[]) {

        //创建 BigInteger,字符串表示十进制数字
        BigInteger number1 = new BigInteger("999999999999");
        //创建 BigInteger,字符串表示十六进制数字
        BigInteger number2 = new BigInteger("567800000", 16);
        // 加法操作
        System.out.println("加法操作:" + number1.add(number2));
        // 减法操作
```

```
        System.out.println("减法操作:" + number1.subtract(number2));
        // 乘法操作
        System.out.println("乘法操作:" + number1.multiply(number2));
        // 除法操作
        System.out.println("除法操作:" + number1.divide(number2));
    }
}
```

运行结果如下：

加法操作:1023211278335
减法操作:976788721663
乘法操作:23211278335976788721664
除法操作:43

上述代码比较简单，这里不再赘述。

### 9.3.2　BigDecimal 类

微课视频

java.math.BigDecimal 也是不可变的任意精度的有符号十进制数。BigDecimal 类构造方法有很多，主要构造方法如下：

（1）BigDecimal(BigInteger val)：将 BigInteger 对象 val 转换为 BigDecimal 对象。

（2）BigDecimal(double val)：将 double 转换为 BigDecimal 对象，参数 val 是 double 类型的二进制浮点值准确的十进制表示形式。

（3）BigDecimal(int val)：将 int 转换为 BigDecimal 对象。

（4）BigDecimal(long val)：将 long 转换为 BigDecimal 对象。

（5）BigDecimal(String val)：将字符串表示数字形式转换为 BigDecimal 对象。

BigDecimal 类提供多种方法，下面列举几个常用的方法：

（1）BigDecimal add(BigDecimal val)：加运算，当前对象数值加参数 val。

（2）BigDecimal subtract(BigDecimal val)：减运算，当前对象数值减参数 val。

（3）BigDecimal multiply(BigDecimal val)：乘运算，当前对象数值乘参数 val。

（4）BigDecimal divide(BigDecimal val)：除运算，当前对象数值除以参数 val。

（5）BigDecimal divide(BigDecimal val, int roundingMode)：除运算，当前对象数值除以参数 val。其中 roundingMode 为要应用的舍入模式。

另外，BigDecimal 类继承了抽象类 Number，所以它还实现抽象类 Number 的六个方法，具体方法参考 9.2 节。

示例代码如下：

```
package exercise9_3_2;

import java.math.BigDecimal;          // 导入 BigDecimal 类
import java.math.RoundingMode;        // 导入 RoundingMode 类

//代码文件 Main.java
```

```
//Main 类
public class Main {

    public static void main(String args[]) {

        // 创建 BigDecimal,通过字符参数串创建
        BigDecimal number1 = new BigDecimal("999999999.99988888");
        // 创建 BigDecimal,通过 double 参数创建
        BigDecimal number2 = new BigDecimal(567800000.888888);

        // 加法操作
        System.out.println("加法操作:" + number1.add(number2));
        // 减法操作
        System.out.println("减法操作:" + number1.subtract(number2));
        // 乘法操作
        System.out.println("乘法操作:" + number1.multiply(number2));
        // 除法操作
        System.out.println("除法操作:"
                + number1.divide(number2, RoundingMode.HALF_UP));    ①
    }
}
```

运行结果如下：

加法操作:1567800000.88877688144195556640625
减法操作:432199999.11100087855804443359375
乘法操作:567800000888824907.5058567931715297698974609375000
除法操作:1.76118351

上述代码第①行进行除法运算,其中的方法需要指定舍入模式,如果不指定舍入模式,
则会发生运行期异常 ArithmeticException,舍入模式 RoundingMode.HALF_UP 是四舍五入。

## 9.4　日期和时间相关类

Java 中最常用的日期时间类是 java.util.Date。与日期时间相关的类还有 DateFormat、
Calendar 和 TimeZone,DateFormat 用于日期格式化,Calendar 是日历类,TimeZone 是时区
类；另外还有本地日期时间类 LocalDateTime、LocalDate 和 LocalTime。

---

💡提示：在 Java 标准版的核心类中有两个 Date 类,分别是 java.util.Date 和 java.sql.
Date。java.util.Date 就是本节要介绍的日期时间类,而 java.sql.Date 则是 JDBC 中的日期
字段类型。

---

### 9.4.1　Date 类

微课视频

Date 类中有很多构造方法和普遍方法。Date 类常用构造方法有以下两种。
(1) Date()：用当前时间创建 Date 对象,精确到毫秒。

（2）Date(long milliseconds)：指定标准基准时间以来的毫秒数创建 Date 对象。标准基准时间是格林尼治时间 1970 年 1 月 1 日 00:00:00。

Date 类的普通方法有以下 4 种。

（1）boolean after(Date when)：测试此日期是否在 when 之后。

（2）boolean before(Date when)：测试此日期是否在 when 之前。

（3）long getTime()：返回自 1970 年 1 月 1 日 00:00:00 以来此 Date 对象表示的毫秒数。

（4）void setTime(long time)：用毫秒数 time 设置日期对象，time 是自 1970 年 1 月 1 日 00:00:00 以来此 Date 对象表示的毫秒数。

示例代码如下：

```
package exercise9_4_1;

import java.util.Date;                              // 导入 Date 类

//代码文件 Main.java
//Main 类
public class Main {

    public static void main(String args[]) {

        Date now = new Date();                       // 创建当前 Date 对象
        System.out.println("now = " + now);
        System.out.println("now.getTime() = " + now.getTime());
        System.out.println();

        Date date = new Date(1234567890123L);        // 根据毫秒数创建 Date 对象
        System.out.println("date = " + date);
        System.out.println(now.after(date));         // 输出 true
        System.out.println(now.before(date));        // 输出 false

        // 重新设置日期 time
        date.setTime(9999999999999L);
        System.out.println("修改之后的 date = " + date);
        System.out.println(now.after(date));         // 输出 false
        System.out.println(now.before(date));        // 输出 true

    }
}
```

运行结果如下：

```
now = Wed Sep 21 09:57:18 CST 2022
now.getTime() = 1663725438001

date = Sat Feb 14 07:31:30 CST 2009
true
```

```
false
修改之后的 date = Sun Nov 21 01:46:39 CST 2286
false
True
```

## 9.4.2 日期格式化和解析

9.4.1节示例中的日期输出格式不符合中国人的习惯，如 Wed Sep 21 09:57:18 CST 2022，此时需要对日期进行格式化输出。日期格式化类是 java.text.DateFormat，DateFormat 是抽象类，它的常用具体类是 java.text.SimpleDateFormat。

DateFormat 类中提供日期格式化和日期解析方法，具体方法说明如下。

（1）String format(Date date)：将一个 Date 格式化为日期/时间字符串。

（2）Date parse(String source)：从给定字符串的开始处解析文本，以生成一个日期对象。如果解析失败，则抛出 ParseException 异常。

另外，具体类 SimpleDateFormat 构造方法如下。

（1）SimpleDateFormat()：用默认的模式和默认语言环境的日期格式符号构造 SimpleDateFormat。

（2）SimpleDateFormat(String pattern)：用给定的模式和默认语言环境的日期格式符号构造 SimpleDateFormat。pattern 参数是日期和时间格式模式。表 9-2 所示是常用的日期和时间格式模式。

表 9-2　常用的日期和时间格式模式

| 字　母 | 日期或时间元素 | 字　母 | 日期或时间元素 |
| --- | --- | --- | --- |
| y | 年 | a | AM/PM 标记 |
| M | 年中的月份 | m | 小时中的分钟数 |
| D | 年中的天数 | s | 分钟中的秒数 |
| d | 月份中的天数 | S | 毫秒数 |
| H | 一天中的小时数(0～23) | Z | 时区 |
| h | AM/PM 中的小时数(1～12) | | |

示例代码如下：

```java
package exercise9_4_2;
import java.text.DateFormat;
import java.text.ParseException;
import java.text.SimpleDateFormat;
import java.util.Date;

//代码文件 Main.java
//Main 类
public class Main {

    public static void main(String args[]) {
```

```
Date date = new Date(1234567890123L);
System.out.println("格式化前 date = " + date);
DateFormat df = new SimpleDateFormat();
System.out.println("格式化后 date = " + df.format(date));
df = new SimpleDateFormat("yyyy-MM-dd HH:mm:ss");
System.out.println("格式化后 date = " + df.format(date));

String dateString = "2202-0B-18 08:18:58";   // 提供一个错误的日期时间字符串
try {
    Date date1 = df.parse(dateString);                                    ①
    System.out.println("从字符串获得日期对象 = " + date1);
} catch (ParseException e) {                              // 捕获 ParseException 异常    ②
    System.out.printf("解析失败!");
}
}
}
```

上述代码第①行试图解析错误的日期时间字符串时引发 ParseException 异常,代码第②行捕获 ParseException 异常。异常问题将在第 11 章详细介绍。

运行结果如下:

```
格式化前 date = Sat Feb 14 07:31:30 CST 2009
格式化后 date = 2009/2/14 上午 7:31
格式化后 date = 2009-02-14 07:31:30
解析失败!
```

## 9.4.3 本地日期和时间

微课视频

事实上,当开发人员在使用 java.util.Date 类时会发现很不方便,其中主要问题如下。

(1) 时区问题。

(2) 日期格式化和解析问题。

为此,Java 8 之后推出了本地日期时间类。

(1) LocalDateTime:包含日期和时间信息的本地日期时间类。

(2) LocalDate:只包含日期信息的本地日期类。

(3) LocalTime:只包含时间信息的本地时间类。

这些日期时间类采用当前默认时区,在日期格式化时采用 ISO 8601 日期和时间表示方法,格式是 yyyy-MM-DDThh:mm:ss[.mmm]TZD。

### 1. 获得 LocalDateTime、LocalDate 和 LocalTime 对象

获得这些对象有很多方法。LocalDateTime、LocalDate 和 LocalTime 类都有 of() 类方法,可以通过指定具体的日期和时间创建对象。另外,LocalDateTime、LocalDate 和 LocalTime 类都有 now() 类方法,可以获得当前系统日期时间。

示例代码如下:

```
package exercise9_4_3;
```

```java
import java.text.DateFormat;
import java.text.ParseException;
import java.text.SimpleDateFormat;
import java.time.LocalDate;
import java.time.LocalDateTime;
import java.time.LocalTime;
import java.util.Date;

//代码文件 Main.java
//Main 类
public class Main_1 {

    public static void main(String args[]) {
        // 获得当前日期对象
        LocalDate localDate1 = LocalDate.now();
        // 获得当前时间对象
        LocalTime localTime1 = LocalTime.now();
        // 获得当前日期时间对象
        LocalDateTime localDateTime1 = LocalDateTime.now();

        // 获得指定日期创建 LocalDate 对象,参数是年、月、日
        LocalDate localDate2 = LocalDate.of(2022, 12, 18);          // 参数年、月、日
        // 获得指定日期创建 LocalDate 对象,参数是时、分、秒
        LocalTime localTime2 = LocalTime.of(18, 59, 20);
        // 获得指定日期时间创建 LocalDateTime 对象,参数是年、月、日、时、分、秒
        LocalDateTime localDateTime2 = LocalDateTime.of(2022, 9, 26, 21, 50, 0);

        System.out.println("localDate1:" + localDate1);
        System.out.println("localTime1:" + localTime1);
        System.out.println("localDateTime1:" + localDateTime1);
        System.out.println("localDate2:" + localDate2);
        System.out.println("localTime2:" + localTime2);
        System.out.println("localDateTime2:" + localDateTime2);
    }
}
```

运行结果如下：

```
localDate1:2022 - 09 - 26
localTime1:10:01:49.153372100
localDateTime1:2022 - 09 - 26T10:01:49.153372100
localDate2:2022 - 12 - 18
localTime2:18:59:20
localDateTime2:2022 - 09 - 26T21:50
```

## 2. 日期格式化

这几个类都有一个 format() 实例方法,示例代码如下：

```java
package exercise9_4_3;

import java.time.LocalDate;
```

```
import java.time.LocalDateTime;
import java.time.LocalTime;
import java.time.format.DateTimeFormatter;

//代码文件 Main.java
//Main类
public class Main_2 {

    public static void main(String args[]) {

        // 获得指定日期时间创建 LocalDateTime 对象,参数是年、月、日、时、分、秒
        LocalDateTime localDateTime = LocalDateTime.of(2022, 9, 26, 21, 50, 0);
        // 格式日期时间
        String d1Str = localDateTime.format(DateTimeFormatter.ISO_DATE);          ①
        System.out.println("Date1 in string : " + d1Str);
    }
}
```

上述代码第①行格式化日期时间对象,返回字符串,其参数是 DateTimeFormatter.ISO_DATE,表示格式标准是 IOS 8601 标准。

运行结果如下:

```
Date1 in string : 2022 - 09 - 26
```

3. 日期解析

日期解析主要是通过 LocalDate 类的 parse( ) 类方法实现的,它有两个重载方法,示例代码如下:

```
package exercise9_4_3;

import java.time.LocalDate;
import java.time.format.DateTimeFormatter;

//代码文件 Main.java
//Main类
public class Main_3 {

    public static void main(String args[]) {
        // Example 1
        String dInStr = "2025 - 09 - 26T10:01:49";
        // 指定格式解析日期时间
        LocalDate d1 = LocalDate.parse(dInStr, DateTimeFormatter.ISO_DATE_TIME);  ①
        System.out.println("String to LocalDate : " + d1);
        // Example 2
        String dInStr2 = "2022 - 11 - 20";
        // 默认格式解析日期
        LocalDate d2 = LocalDate.parse(dInStr2);                                   ②
        System.out.println("String to LocalDate : " + d2);
    }
}
```

上述代码第①行使用 parse()方法解析字符串，它的参数是 DateTimeFormatter. ISO_
DATE_TIME,表示按照日期时间格式解析字符串；代码第②行 parse()方法解析日期省略
了格式化参数。

## 9.5　动手练一练

**1. 选择题**

（1）有如下代码：

```
public class Sample {
    long length;

    public Sample(long l) {
        length = l;
    }

    @Override
    public boolean equals(Object obj) {
        if (this.length == ((Sample) obj).length) {
            return true;
        }
        return false;
    }

    public static void main(String arg[ ]) {
        Sample s1, s2, s3;
        s1 = new Sample(21L);
        s2 = new Sample(21L);
        s3 = s2;
    }
}
```

在 main()方法中下列哪些表达式返回值为 true？（　　　）

A. s1==s2；　　　　　　　　　　　　　　B. s2==s3；

C. s2. equals(s3)；　　　　　　　　　　　D. s1. equals(s2)；

（2）下列哪些选择属于数字包装类？（　　　）

A. Byte　　　　　　　　B. Short　　　　　　C. Integer　　　　　D. Character

**2. 判断题**

（1）对货币等大值数据进行计算时，int、long、float 和 double 等基本数据类型在精度方
面已经不能满足需求了。为此 Java 提供了两个大数值类：BigInteger 和 BigDecimal,这两
个类都继承自 Number 抽象类。（　　　）

（2）java. sql. Date 是一个普通的日期类。（　　　）

# 第 10 章

# Java 集合框架

有很多书时,可以使用书柜分门别类收纳。使用书柜不仅使书房变得整洁,也便于查找图书。在计算机中,管理对象亦是如此,当获得多个对象后,也需要一个容器将它们管理起来,这个容器就是数据结构。

常见的数据结构有数组(Array)、集合(Set)、队列(Queue)、链表(Linkedlist)、树(Tree)、堆(Heap)、栈(Stack)和映射(Map)等。

在 Java 标准版中提供了这些数据结构对应的接口和实现类,它们属于 java.util 包,称为集合框架。

## 10.1　集合概述

Java 中提供了丰富的集合接口和类,它们来自于 java.util 包。如图 10-1 所示是 Java 主要的集合接口和类,从图中可见,Java 集合类型分为 Collection、Map、Set、Queue 和 List 等,每种集合都是一种数据结构,在 Java 中都对应一种接口。

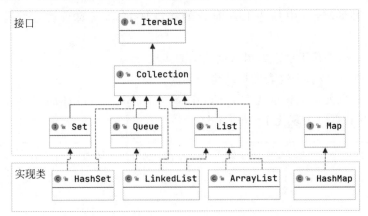

图 10-1　Java 主要集合类图

另外,从图 10-1 可见,Collection 接口还继承了 Iterable 接口,Iterable 是可迭代接口。所有实现 Iterable 接口以及其子接口(如 Collection)的对象都具有以下特性。

（1）可以使用增强 for 语句遍历其中的元素。

（2）可以使用 forEach()方法对每个元素执行特定操作。

本章重点介绍 List、Set 和 Map 集合，因此图 10-1 中只列出了这三个集合对应的接口及具体的实现类。此外，Queue 也有具体实现类，由于很少使用，这里不再赘述，感兴趣的读者可以自行查阅 API 文档。

---

💡提示：学习 Java 中的集合应从接口入手，重点掌握 List、Set 和 Map 三个接口，熟悉这些接口中提供的方法，然后再熟悉这些接口的实现类，并了解不同实现类之间的区别。

---

微课视频

## 10.2　List 集合

List 集合类似于字符串或数组，其中的元素是有序的。图 10-2 所示是一个字符 List 集合，这个集合中有五个元素，元素索引从 0 开始。

| 索引 | 0 | 1 | 2 | 3 | 4 |
|------|---|---|---|---|---|
| List | 'H' | 'e' | 'l' | 'l' | 'o' |

图 10-2　字符 List 集合

---

💡提示：List 集合关心元素是否有序，而不关心其是否重复，例如，图 10-2 所示的字符集合中字符'l'就有两个。

---

### 10.2.1　List 接口实现类

由图 10-1 可见，Java 中描述 List 集合的接口是 List，其实现类主要有 ArrayList 和 LinkedList。

（1）ArrayList 是基于动态数组数据结构的实现。

（2）LinkedList 是基于链表数据结构的实现。

ArrayList 访问元素的速度优于 LinkedList；LinkedList 占用的内存空间比较大，但在批量插入或删除数据时表现优于 ArrayList。

---

💡提示：为节省空间、提高运行速度，相同的结构可采用不同的算法实现，但对于程序员而言，节省空间和提高运行速度就像熊掌和鱼肉，不可兼得，提高运行速度往往以牺牲空间为代价，而节省空间往往以牺牲运行速度为代价。

---

### 10.2.2　List 接口常用方法

List 接口继承自 Collection 接口，List 接口中的很多方法也都是继承自 Collection 接口的。List 接口中常用方法如下。

1．操作元素

（1）get(int index)：返回 List 集合中指定位置的元素。

（2）set(int index,Object element)：用指定元素替换 List 集合中指定位置的元素。

（3）add(Object element)：在 List 集合的尾部添加指定的元素。该方法是从 Collection 接口继承而来的。

（4）add(int index,Object element)：在 List 集合的指定位置插入指定元素。

（5）remove(int index)：移除 List 集合中指定位置的元素。

（6）remove(Object element)：如果 List 集合中存在指定元素,则从 List 集合中移除第一次出现的指定元素。该方法是从 Collection 集合继承而来的。

（7）clear()：从 List 集合中移除所有元素。该方法是从 Collection 接口继承而来的。

2．判断元素

（1）isEmpty()：判断 List 集合中是否有元素,如果没有则返回 true,如果有则返回 false。该方法是从 Collection 接口继承而来的。

（2）contains(Object element)：判断 List 集合中是否包含指定元素,如果包含则返回 true,如果不包含则返回 false。该方法是从 Collection 接口继承而来的。

3．查询元素

（1）indexOf(Object o)：从前往后查找 List 集合元素,返回第一次出现指定元素的索引,如果此列表不包含该元素,则返回－1。

（2）lastIndexOf(Object o)：从后往前查找 List 集合元素,返回第一次出现指定元素的索引,如果此列表不包含该元素,则返回－1。

4．遍历集合

forEach()：遍历 List 集合。

5．其他

（1）iterator()：返回迭代器(Iterator)对象,迭代器对象用于遍历 List 集合。该方法是从 Collection 接口继承而来的。

（2）size()：返回 List 集合中的元素数,返回值是 int 类型。该方法是从 Collection 接口继承而来的。

（3）subList(int fromIndex,int toIndex)：返回 List 集合中指定的 fromIndex(包括)和 toIndex(不包括)之间的元素集合,返回值为 List 集合。

示例代码如下：

```
package exercise10_2_2;
// List 接口常用方法
//代码文件 Main_1.java
//Main 类

import java.util.ArrayList;                    // 导入 ArrayList 类
```

```java
import java.util.List;                                    // 导入 List 接口

public class Main_1 {

    public static void main(String args[]) {
        List list;                                        // 声明变量 list 为 List 接口类型
        list = new ArrayList();                           // 实例化 ArrayList 对象
        String str = "Hello";                             // 声明字符串
        for (int i = 0; i < str.length(); i++) {          // 变量字符串 str
            list.add(str.charAt(i));          // 从集合字符串中取值字符,并添加到变量 list 中
        }
        System.out.println(list);             // 打印到变量 list
        System.out.println( list.get(5)); // 访问元素发生 IndexOutOfBoundsException 异常    ①
    }
}
```

上述代码第①行获取 list 接口中的元素时,由于索引超出范围,导致 IndexOut-OfBoundsException 异常。

上述代码运行结果如下：

```
[H, e, l, l, o]
Exception in thread "main" java.lang.IndexOutOfBoundsException: Index 5 out of bounds for
length 5
    at java.base/jdk.internal.util.Preconditions.outOfBounds(Preconditions.java:100)
    at java.base/jdk.internal.util.Preconditions.outOfBoundsCheckIndex(Preconditions.java:106)
    at java.base/jdk.internal.util.Preconditions.checkIndex(Preconditions.java:302)
    at java.base/java.util.Objects.checkIndex(Objects.java:359)
    at java.base/java.util.ArrayList.get(ArrayList.java:427)
    at exercise10_2_2.Main_1.main(Main_1.java:19)
```

## 10.2.3　使用泛型

微课视频

集合中可以保存任何对象,但有时需要保证放入的数据与取出的数据的类型保持一致,否则可能发生异常。示例代码如下：

```java
package exercise10_2_3;
//10.2.3 使用泛型
//代码文件 Main_1.java
//Main 类

import java.util.ArrayList;
import java.util.LinkedList;
import java.util.List;

public class Main_1 {

    public static void main(String args[]) {
        List list;                            // 声明变量 list 为 List 接口类型
        list = new LinkedList();              // 实例化 LinkedList 对象
```

```
    // 向集合中添加元素
    list.add("1");
    list.add("2");
    list.add("3");
    list.add("4");
    list.add("5");

    // 遍历集合
    for (Object item : list) {
        Integer element = (Integer) item;  // 发生 ClassCastException 异常  ①
        System.out.println("读取集合元素：" + element);
    }
    }
}
```

运行上述代码将引发异常，运行结果如下：

Exception in thread "main" java.lang.ClassCastException: class java.lang.String cannot be cast
to class java.lang.Integer (java.lang.String and java.lang.Integer are in module java.base of
loader 'bootstrap')
　　at exercise10_2_2.Main_2.main(Main_2.java:25)

　　上述示例代码实现的功能很简单，就是将一些数据保存到集合中，然后再取出。但对于
Java 5 之前的版本而言，使用集合经常会面临一个很尴尬的问题：放入一种特定类型数据，
但是取出时全部是 Object 类型，所以在具体使用时需要将元素转换为特定类型。

　　在代码第 ① 行需要强制类型转换。强制类型转换是有风险的，可能发生
ClassCastException 异常。

　　Java 5 之前的版本对该问题没有好的解决办法，在类型转换之前要通过 instanceof 运
算符判断该对象是否为目标类型。而泛型的引入可以将这些运行时的异常在编译期提前暴
露出来，这增强了类型安全检查。

　　修改程序代码如下：

```
package exercise10_2_3;
//10.2.3 使用泛型
//代码文件 Main_2.java
//Main 类

import java.util.LinkedList;
import java.util.List;

public class Main_2 {

    public static void main(String args[]) {
        List list;                          // 声明变量 list 为 List 接口类型
        list = new LinkedList();            // 实例化 LinkedList 对象

        // 向集合中添加元素
        list.add("1");
```

```
        list.add("2");
        list.add("3");
        list.add("4");
        list.add("5");

        // 遍历集合
        for (Object item : list) {
            if (item instanceof Integer) {        // 测试 item 的类型是否为 Integer
                Integer element = (Integer) item;
                System.out.println("读取集合元素：" + element);
            }
        }
    }
}
```

Java 5 之后的版本中，所有集合类型都可以有泛型类型，可以限定存放到集合中的数据类型。修改程序代码如下：

```
package exercise10_2_3;
//10.2.3 使用泛型
//代码文件 Main_3.java
//Main 类

import java.util.ArrayList;
import java.util.LinkedList;
import java.util.List;

public class Main_3 {

    public static void main(String args[]) {
        List < String > list;                    // 声明变量 list 为 List 接口类型    ①
        list = new ArrayList < String >();       // 实例化 ArrayList 对象             ②

        // 向集合中添加元素
        list.add("1");
        list.add("2");
        list.add("3");
        list.add("4");
        list.add("5");
        list.add(6);                             // 无法添加非字符串类型，发生编译错误 ③

        // 遍历集合
        for (String item : list) {
            Integer element = (Integer) item;  // 发生编译错误                      ④
            System.out.println("读取集合元素：" + item);
        }
    }
}
```

上述代码第①行声明数据类型时在 List 后面添加了< String >。

代码第②行在实例化时需要使用 ArrayList＜String＞形式，Java 9 及之后的版本可以省略 ArrayList 后尖括号中数据类型，即可以使用 ArrayList＜＞形式。

List 和 ArrayList 就是泛型表示方式，尖括号中可以是任意引用类型，它限定了集合中是否能存放该种类型的对象，所以代码第③行试图添加非 String 类型元素时，会发生编译错误。代码第④行试图将 item 转换为 Integer 类型，也会发生编译错误。可见，原本在运行时发生的异常提早暴露到编译期，可使程序员及早发现问题，避免程序发布上线之后发生系统崩溃。

## 10.2.4　遍历 List 集合

微课视频

集合最常用的操作之一是遍历，遍历就是将集合中的每一个元素取出来，进行操作或计算。List 集合遍历有三种方法。

（1）使用 C 语言风格 for 循环遍历。List 集合可以使用 for 循环进行遍历，for 循环中有循环变量，通过循环变量可以访问 List 集合中的元素。

（2）使用 Java 语言风格 for 循环遍历。增强 for 循环是针对遍历各种类型集合而推出的，推荐使用这种遍历方法。

（3）使用 forEach() 方法循环遍历。

示例代码如下：

```java
package exercise10_2_4;
//10.2.4 遍历 List 集合
//代码文件 Main_1.java
//Main 类

import java.util.ArrayList;
import java.util.LinkedList;
import java.util.List;

public class Main {

    public static void main(String args[]) {
        List < String > list;                    // 声明变量 list 为 List 接口类型
        list = new ArrayList <>();               // 实例化 ArrayList 对象

        // 向集合中添加元素
        list.add("1");
        list.add("2");
        list.add("3");
        list.add("4");
        list.add("5");

        // (1) 使用 C 语言风格 for 循环遍历
        System.out.println(" -- 1.使用 C 语言风格 for 循环遍历 -- ");
        for (int i = 0; i < list.size(); i++) {
            System.out.printf("读取集合元素( % d): % s \n", i, list.get(i));
```

```
        }

        // (2) 使用 Java 语言风格 for 循环遍历
        System.out.println(" -- 2.使用 Java 风格 for 循环遍历 -- ");
        for (String item : list) {
            System.out.println("读取集合元素: " + item);
        }

        // (3) 使用 forEach()方法循环遍历
        System.out.println(" -- (3)使用 forEach()方法循环遍历 -- ");
        list.forEach(item -> {                                          ①
            System.out.println("读取集合元素: " + item);
        });
    }
}
```

使用 C 语言风格 for 循环遍历和使用 Java 语言风格 for 循环遍历方法比较简单，这里不再赘述，只重点介绍 forEach()方法，见代码第①行。其中 forEach()方法中的参数是 Lambda 表达式，它本质上是一个代码块，其中 item 是 Lambda 表达式的参数，这里 item 参数就是从 List 集合中取出的一个元素，forEach()方法循环遍历 List 集合时是逐一取出每一个元素，然后传递给 Lambda 表达式执行。

## 10.3　使用 Arrays 类

Arrays 是一个工具类，而不是接口，它也是用于 java.util 包中。Arrays 类中提供一些 static 方法，可用于数组的创建、排序和搜索等操作。

### 10.3.1　从数组到 List 集合

微课视频

Arrays 类提供了 Arrays.asList(array)方法，可将数组 array 转换为列表，示例代码如下：

```
package exercise10_3_1;
//10.3.1 从数组到 List 集合
//代码文件 Main.java
//Main 类

import java.util.*;

public class Main {

    public static void main(String args[]) {
        String[] ary = {"H", "e", "l", "l", "o"};       // 声明一个字符串数组
        List<String> list = Arrays.asList(ary);          // 将数字转换为 List 集合

        list.forEach(item -> {                           // 遍历 List 集合
```

```
        System.out.print(item);
        System.out.print('#');
    });
}}
```

上述代码运行结果如下：

```
H#e#l#l#o#
```

## 10.3.2　数组排序

Arrays 类提供了 Arrays.sort(originalArray)方法，可以对数组 originalArray 进行排序，示例代码如下：

```
package exercise10_3_2;
//10.3.2 数组排序
//代码文件 Main.java
//Main 类

import java.util.Arrays;
import java.util.Collections;

public class Main {

    public static void main(String args[]) {
        // 声明一个整数数组
        Integer intArr[] = {35, 10, 20, 22, 15};
        // 对数组 intArr 进行升序排列
        Arrays.sort(intArr);

        for (int i = 0; i < intArr.length; i++) {
            System.out.print(intArr[i]);
            System.out.print(',');
        }
        // 声明一个字符串数组
        String[] stringArray = new String[] { "FF", "PP", "AA", "OO", "DD" };
        // 对数组 stringArray 进行降序排列
        Arrays.sort(stringArray, Collections.reverseOrder());              ①
        System.out.println("");
        System.out.println(" ------------- ");

        for (int i = 0; i < stringArray.length; i++) {
            System.out.print(stringArray[i]);
            System.out.print(',');
        }
    }
}
```

代码第①行对字符串数组进行降序排列，其中 Collections.reverseOrder()用于指定排序方式。

上述代码运行结果如下：

```
10,15,20,22,35,
--------------
PP,OO,FF,DD,AA,
```

微课视频

## 10.4　Set 集合

Set 集合是由一串无序的、不重复的相同类型元素构成的集合。如图 10-3 所示就是一个水果篮的 Set 集合，这些水果篮是无序的，没有类似于 List 集合的序号，且没有重复的元素。

图 10-3　Set 集合

💡 提示：List 集合中的元素是有序的、可重复的，而 Set 集合中的元素是无序的、不能重复的。List 集合强调的是有序，Set 集合强调的则是不重复。当不考虑顺序，且没有重复元素时，Set 集合和 List 集合是可以相互替换的。

由图 10-1 可见，Java 中描述 Set 集合的接口是 Set，其直接实现类主要是 HashSet，HashSet 是基于散列表数据结构的实现。

Set 接口也继承自 Collection 接口，Set 接口中的方法大部分都继承自 Collection 接口，这些方法如下。

1. 操作元素

（1）add(Object element)：在 Set 集合的尾部添加指定的元素。该方法是从 Collection 接口继承而来的。

（2）remove(Object element)：如果 Set 集合中存在指定元素，则从 Set 集合中移除该元素。该方法是从 Collection 接口继承而来的。

（3）clear()：从 Set 集合中移除所有元素。该方法是从 Collection 接口继承而来的。

2. 判断元素

（1）isEmpty()：判断 Set 集合是否为空，如果为空，则返回 true，如果不为空，则返回 false。该方法是从 Collection 接口继承而来的。

（2）contains(Object element)：判断 Set 集合中是否包含指定元素，如果包含，则返回 true，如果不包含，则返回 false。该方法是从 Collection 接口继承而来的。

3. 遍历集合

forEach()：遍历集合。

4. 其他

size()：返回 Set 集合中的元素数，返回值是 int 类型。该方法是从 Collection 接口继承而来的。

示例代码如下：

```
package exercise10_4_1;
//10.4 Set 集合
//代码文件 Main.java
//Main 类

import java.util.HashSet;
import java.util.Set;

public class Main {

    public static void main(String args[]) {
        Set < String > set;                        // 声明 Set 集合变量
        set = new HashSet < String >();            // 创建 HashSet 实例对象

        // 向集合中添加元素
        set.add("苹果");
        set.add("香蕉");
        set.add("葡萄");
        set.add("苹果");
        // set.add(1000);                          // 发生编译错误,java: 不兼容的类型:
                                                   // int 无法转换为 java.lang.String

        // 打印集合元素个数
        System.out.println("集合 size = " + set.size());

        // (1) 使用 Java 语言风格 for 循环遍历
        System.out.println(" -- (1)使用 Java 语言风格 for 循环遍历 -- ");
        for (String item : set) {
            System.out.println(item);
        }
        // (2) 使用 forEach()方法循环遍历
        System.out.println(" -- (2)使用 forEach()方法循环遍历 -- ");
        set.forEach(item -> {
            System.out.println(item);
        });
    }
}
```

上述代码创建了 Set 集合对象,然后试图将元素添加到 Set 集合中。需要注意的是,试图插入重复元素时将失败,其中插入了两次苹果,但只有一次成功。

运行结果如下:

```
集合 size = 3
-- (1)使用 Java 语言风格 for 循环遍历 --
苹果
香蕉
葡萄
-- (2)使用 forEach()方法循环遍历 --
苹果
香蕉
葡萄
```

## 10.5 Map 集合

Map(映射)集合是一种非常复杂的集合,允许按照某个键访问元素。Map 集合是由两个集合构成的,一个是键(key)集合,另一个是值(value)集合。键集合是 Set 类型,因此不能有重复的元素;而值集合是 Collection 类型,可以有重复的元素。Map 集合中的键和值是成对出现的。

图 10-4 所示是 Map 类型的国家和首都集合,其中键是国家集合,不能重复;值是国家首都集合,可以重复。

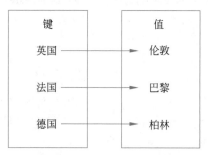

图 10-4　Map 类型的国家和首都集合

由图 10-1 可见,Java 中描述的 Map 集合的接口是 Map,其直接实现类主要是 HashMap,HashMap 是基于散列表数据结构的实现。

### 10.5.1　Map 接口常用方法

Map 集合中包含两个集合(键和值),所以操作起来比较麻烦。Map 接口提供多种管理和操作集合的方法,主要方法如下。

1. 操作元素

(1) get(Object key):返回指定键所对应的值;如果 Map 集合中不包含该键-值对,则返回 null。

(2) put(Object key,Object value):将指定键-值对添加到集合中。

(3) remove(Object key):移除键-值对。

(4) clear():移除 Map 集合中的所有键-值对。

2. 判断元素

(1) isEmpty():判断 Map 集合中是否有键-值对,如果没有,则返回 true,如果有,则返回 false。

(2) containsKey(Object key):判断键集合中是否包含指定元素,如果包含,则返回 true,如果不包含,则返回 false。

(3) containsValue(Object value):判断值集合中是否包含指定元素,如果包含,则返回

true，如果不包含，则返回 false。

3. 查看集合

（1）keySet()：返回 Map 中的所有键集合，返回值是 Set 类型。

（2）values()：返回 Map 中的所有值集合，返回值是 Collection 类型。

（3）size()：返回 Map 集合中的键-值对数。

4. 遍历集合

forEach()：遍历集合。

示例代码如下：

```java
package exercise10_5_1;
//10.5.1 Map 接口常用方法
//代码文件 Main.java
//Main 类

import java.util.HashMap;
import java.util.Map;

public class Main {

    public static void main(String args[]) {
        // 声明 Map 集合变量
        Map < Integer, String > map;                              ①
        // 实例化 Map 集合对象
        map = new HashMap < Integer, String >();                  ②
        // 添加数据
        map.put(102, "张三");
        map.put(105, "李四");
        map.put(109, "王五");
        map.put(110, "董六");
        //"李四"值重复
        map.put(111, "李四");                                     ③
        map.put(109, "刘备");                                     ④

        // map.put("158", "赵云"); 发生编译错误，java: 不兼容的类型：java.lang.String 无法
转换为 java.lang.Integer
        // 打印集合元素个数
        System.out.println("集合 size = " + map.size());
        // 打印集合
        System.out.println(map);
        // 通过键取值
        System.out.println("109 - " + map.get(109));
        System.out.println("108 - " + map.get(108));
    }
}
```

上述代码第①行声明 Map 集合变量。注意，这里采用了泛型，Map 集合在指定泛型类型时，需要指定 Map 的键和值的类型，如图 10-5 所示。

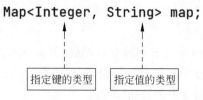

图 10-5　Map 键和值的类型

代码第②行实例化 HashMap 对象，也需要指定泛型类型。

Map 集合添加键-值对时需要注意以下两个问题。

（1）如果键已经存在，则会替换原有值，如代码第④行是 109 键，原来对应的值是"王五"，该语句会将其替换为"刘备"；

（2）如果键不存在，则添加键-值对。

示例运行结果如下：

```
集合 size = 5
{102 = 张三, 105 = 李四, 109 = 刘备, 110 = 董六, 111 = 李四}
109 - 刘备
108 - null
```

微课视频

## 10.5.2　遍历 Map 集合

遍历 Map 集合与遍历 List 集合和 Set 集合不同。Map 有键和值两个集合，因此遍历时可以只遍历值的集合，也可以只遍历键的集合，还可以同时遍历。这些遍历过程都可以使用 Java 语言风格 for 循环语句进行。

示例代码如下：

```java
package exercise10_5_2;
//10.5.2 遍历 Map 集合
//代码文件 Main.java
//Main 类

import java.util.Collection;
import java.util.HashMap;
import java.util.Map;
import java.util.Set;

public class Main {

    public static void main(String args[]) {
        // 声明 Map 集合变量
        Map< Integer, String> map;
        // 实例化 Map 集合对象
        map = new HashMap< Integer, String>();
        // 添加数据
        map.put(102, "张三");
        map.put(105, "李四");
```

```
        map.put(109, "王五");
        map.put(110, "董六");

        // 1.使用 Java 语言风格 for 循环遍历
        System.out.println(" -- 1.使用 Java 语言风格 for 循环遍历 -- ");

        // 获得键集合
        Set < Integer > keys = map.keySet();                              ①
        for (Integer key : keys) {
            int ikey = key;                // Integer 对象可以自动转换为 int  ②
            String value = map.get(ikey);
            System.out.printf("key:% d -> value:% s % n", ikey, value);
        }

        // 2.使用 forEach()方法遍历
        System.out.println(" -- 2.使用 forEach()方法遍历 -- ");
        // ikey 参数是键,value 参数是值
        map.forEach((ikey, value) -> {                                   ③
            System.out.printf("key:% d -> value:% s % n", ikey, value);
        });
    }
}
```

上述代码第①行获得键集合,返回值是 Set 类型。在遍历键时,从集合里取出的元素类型都是 Object。

代码第②行将 key 强制类型转换为 Integer,然后赋值给 int 整数,这个过程中 Integer 对象可以自动转换为 int。

代码第③行调用 forEach()方法遍历集合中的元素,该方法的参数可以使用 Lambda 表达式。注意,Lambda 表达式有 ikey 和 value 两个参数,其中 ikey 是 Map 集合中的键,value 是值。

示例运行结果如下:

```
-- 1.使用增强 for 循环遍历 --
key:102 -> value:张三
key:105 -> value:李四
key:109 -> value:王五
key:110 -> value:董六
-- 2.使用 forEach()方法遍历 --
key:102 -> value:张三
key:105 -> value:李四
key:109 -> value:王五
key:110 -> value:董六
```

## 10.6  动手练一练

### 1. 选择题

如果想创建 ArrayList 类的一个实例,下列哪个语句是正确的?(    )

    A．ArrayList myList＝new Object()；     B．List myList＝new ArrayList()；

    C．ArrayList myList＝new List()；       D．List myList＝new List()；

**2. 判断题**

（1）集合类型分为 Collection 和 Map。（　　　）

（2）Set 里的元素是不能重复的。（　　　）

（3）List 里的元素可以重复的，可以通过下标索引。（　　　）

（4）Map 集合是由两个集合构成的，一个是键（key）集合，另一个是值（value）集合。
（　　　）

（5）List、Set 和 Map 接口都继承自 Collection 接口。（　　　）

# 第 11 章

# Java 异常处理机制

为增强程序的健壮性,计算机程序的编写也需要考虑处理可能出现的异常情况。Java 语言提供了异常处理功能,本章介绍 Java 异常处理机制。

## 11.1 异常处理机制

为了学习 Java 异常处理机制,先看一个除法运算的示例,代码如下:

```java
package exercise11_1;
//11.1 异常处理机制
//代码文件 Main. java
//Main 类

import java.util.Scanner;                    // 导入 Scanner 类

public class Main {

    public static void main(String args[]) {
        Scanner in = new Scanner(System.in);
        System.out.println("请输入分子:");
        int n1 = in.nextInt();                // 从键盘读取输入的分子
        System.out.println("请输入分母:");
        int n2 = in.nextInt();                // 从键盘读取输入的分母
        // 调用 divide() 方法
        System.out.println(divide(n1, n2));                        ①
    }

    /**
     * 除法方法
     * @param m,参数是分子
     * @param n,参数是分母
     * @return 返回计算结果
     */
    public static double divide(int m, int n) {                    ②
        double result = m / n;
        return result;
```

```
    }
}
```

上述代码第①行调用代码第②行的 divide()方法实现除法运算。示例代码运算结果如图 11-1 所示。如果输入的分母是 0,则会发生 ArithmeticException 异常,如图 11-2 所示。

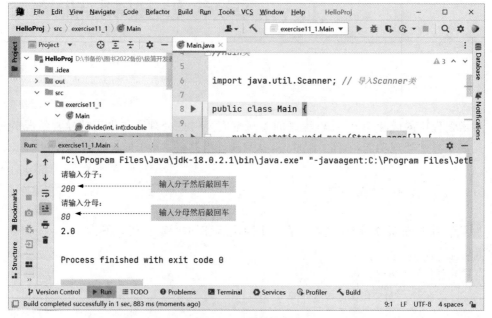

图 11-1　运算结果

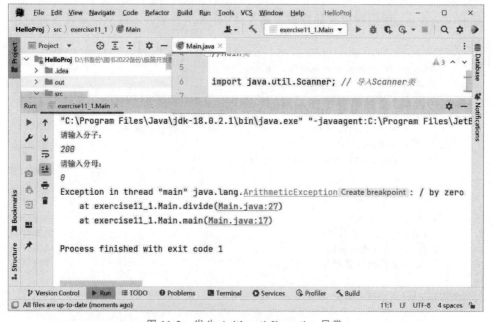

图 11-2　发生 ArithmeticException 异常

## 11.2 异常类继承层次

异常类继承根类是 Throwable,它有两个直接子类:
Error 和 Exception,如图 11-3 所示。

### 1. Error

Error 是程序无法恢复的严重错误,程序员无能为力,只
能让程序终止,如 JVM 内部错误、内存溢出和资源耗尽等严
重情况。

图 11-3 异常类图

### 2. Exception

Exception 是程序可以恢复的异常,它是程序员所能掌控的,如除零异常、空指针访问、
网络连接中断和读取的文件不存在等。本章所讨论的异常处理就是对 Exception 及其子类
的异常处理。

在 Throwable 类中有几个重要方法。

(1) String getMessage():获得发生异常的详细信息。

(2) void printStackTrace():打印异常堆栈跟踪信息。

(3) String toString():获得异常对象的描述。

## 11.3 捕获异常

在学习本节内容之前,先考虑一下,人们在现实生活中是如何对待领导交代的任务的
呢? 答案无非是两种:自己有能力解决的自己处理;自己没有能力解决的则反馈给领导,
让领导处理。

处理异常亦是如此。当前方法有能力解决,则捕获异常进行处理;当前方法没有能力
解决,则抛给上层调用方法处理;如果上层调用方法还无力解决,则继续抛给它的上层调用
方法。异常就是这样逐层向上传递,直到有方法处理它。如果所有方法都没有处理该异常,
那么 JVM 会终止程序。

### 11.3.1 try-catch 语句

捕获异常是通过 try-catch 语句实现的,最基本的 try-catch 语句语法格式如下:

```
try{
    //可能会发生异常的语句
} catch(Throwable e){
    //处理异常 e
}
```

### 1. try 代码块

try 代码块中应该包含执行过程中可能会发生异常的语句。一条语句是否有可能发生

异常,取决于语句中调用的方法。例如,日期格式化类 DateFormat 的日期解析方法 parse()
完整定义如下:

```
public Date parse(String source) throws ParseException
```

方法后面的 throws ParseException 说明,当调用 parse()方法时有可能产生 ParseException
异常。

---

💡提示：类方法、实例方法和构造方法都可以声明抛出异常,凡是抛出异常的方法都
可以通过 try-catch 进行捕获,当然运行时可以不捕获异常。方法声明抛出异常种类可以查
询 API 文档。

---

### 2. catch 代码块

每个 try 代码块可以伴随一个或多个 catch 代码块,catch 代码块用于处理 try 代码块
中可能发生的多种异常。catch(Throwable e)语句中的 e 是捕获异常对象,e 必须是
Throwable 类的子类,异常对象 e 的作用域为该 catch 代码块。

try-catch 示例代码如下:

```java
package exercise11_3_1;
//11.3.1 try-catch 语句
//代码文件 Main.java
//Main 类

import java.text.DateFormat;
import java.text.ParseException;
import java.text.SimpleDateFormat;
import java.util.Date;

public class Main {
    public static void main(String[] args) {
    //调用 readDate()方法解析字符串
        Date date = readDate();
        System.out.println("日期 = " + date);
    }

    /**
     * 解析日期
     * @return 返回解析成功的日期对象
     */
    public static Date readDate() {

        try {
            // 要解析的字符串
            String str = "2022-0B-18";        // "2022-10-18";
            // 定义日期格式
            DateFormat df = new SimpleDateFormat("yyyy-MM-dd");
            // 从字符串中解析日期
```

```
            Date date = df.parse(str);
            return date;
        } catch (ParseException e) {                // 捕获异常 ParseException
            // 处理异常 ParseException
            System.out.println("处理 ParseException...");
            e.printStackTrace();
        }
        return null;
    }
}
```

在 try 和 catch 之间的代码块是有可能发生异常的语句,如果捕获到异常,程序会进入
catch 代码块,在该代码块中进行异常处理。上述示例中,如果提供的字符串是无效的日期
字符串,则程序会输出如下信息:

```
处理 ParseException...
日期 = null
java.text.ParseException: Unparseable date: "2022-0B-18"
        at java.base/java.text.DateFormat.parse(DateFormat.java:399)
        at exercise11_3_1.Main.readDate(Main.java:30)
        at exercise11_3_1.Main.main(Main.java:14)
```

## 11.3.2 使用多个 catch 代码块

微课视频

如果 try 代码块中有很多语句会发生异常,且发生的异常种类又很多,那么可以在 try
后面跟多个 catch 代码块。多 catch 代码块语法如下:

```
try{
    //可能会发生异常的语句
} catch(Throwable e){
    //处理异常 e
} catch(Throwable e){
    //处理异常 e
} catch(Throwable e){
    //处理异常 e
}
```

在有多个 catch 代码块的情况下,当其中一个 catch 代码块捕获到异常时,其他 catch 代
码块就不再进行匹配。当捕获的多个异常类之间存在父子关系时,捕获异常顺序与 catch
代码块的顺序有关,一般先捕获子类,后捕获父类,否则将无法捕获子类。

示例代码如下:

```
package exercise11_3_2;
//11.3.2 使用多个 catch 代码块
//代码文件 Main.java
//Main 类

import java.io.*;
import java.text.DateFormat;
```

```java
import java.text.ParseException;
import java.text.SimpleDateFormat;
import java.util.Date;

public class Main {
    public static void main(String[] args) {
        Date date = readDate();
        System.out.println("读取的日期 = " + date);
    }

    /**
     * 解析日期
     *
     * @return 返回解析成功的日期对象
     */
    public static Date readDate() {

        FileInputStream readfile = null;       // 声明文件输入流变量
        InputStreamReader ir = null;           // 声明 InputStreamReader 变量
        BufferedReader in = null;              // 声明 BufferedReader 变量
        try {
            // 创建文件输入流对象
            readfile = new FileInputStream("data.txt");                          ①
            // 创建 InputStreamReader 对象
            ir = new InputStreamReader(readfile);
            // 创建 BufferedReader 对象
            in = new BufferedReader(ir);
            // 从文件中读取一行数据
            String str = in.readLine();                                          ②
            if (str == null) {
                return null;
            }
            // 创建日期格式对象
            DateFormat df = new SimpleDateFormat("yyyy-MM-dd");
            // 解析日期字符串
            Date date = df.parse(str);
            return date;
        } catch (FileNotFoundException e) {      // 捕获 FileNotFoundException 异常
            System.out.println("处理 FileNotFoundException...");
            e.printStackTrace();
        } catch (IOException e) {
            System.out.println("处理 IOException...");
            e.printStackTrace();
        } catch (ParseException e) {             // 捕获 ParseException 异常
            System.out.println("处理 ParseException...");
            e.printStackTrace();
        }
        return null;
    }
}
```

上述代码通过Java I/O(输入/输出)流技术从文件data.txt中读取字符串,然后解析为日期。由于Java I/O技术还没有介绍,这里可先不关注I/O技术细节,只考虑调用它们的方法会发生异常即可。

在try代码块中,第①行代码调用FileInputStream构造方法时可能会发生FileNotFoundException异常;第②行代码调用BufferedReader输入流的readLine()方法时可能会发生IOException异常。由于FileNotFoundException异常是IOException异常的子类,所以应该先捕获FileNotFoundException,后捕获IOException。如果将FileNotFoundException和IOException捕获顺序调换,将永远不会捕获FileNotFoundException异常。

💡注意:在访问文件IntelliJ IDEA的项目时,文件路径的当前目录是项目的根目录,所以data.txt文件应该放置于HelloProj目录下,如图11-4所示。

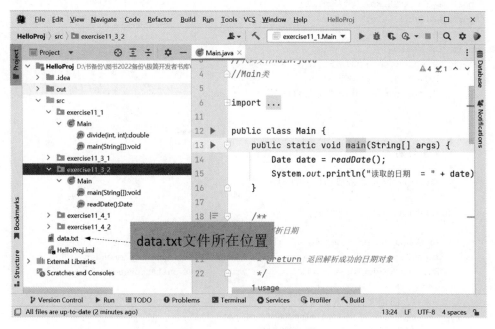

图11-4 data.txt文件位置

## 11.4 释放资源

在try-catch语句中,有时部分操作会占用一些资源,如打开文件、网络连接、打开数据库连接和使用数据结果集等,这些资源并非Java资源,不能通过JVM的垃圾收集器回收,需要程序员释放。为了确保这些资源能够被释放,可以使用finally代码块或自动资源管理(automatic resource management)技术。

## 11.4.1 finally 代码块

try-catch 语句后面还可以跟有一个 finally 代码块，无论 try 正常结束还是 catch 异常结束，都会执行 finally 代码块，如图 11-5 所示。

使用 finally 代码块示例代码如下：

```
try{
    //可能会生成异常语句
} catch(Throwable e1){
    //处理异常e1
} catch(Throwable e2){
    //处理异常e2
} catch(Throwable eN){
    //处理异常eN
} finally{
    //释放资源
}
```

图 11-5　finally 代码块流程示意图

```java
package exercise11_4_1;
//11.4.1 finally 代码块
//代码文件 Main.java
//Main 类

import java.io.*;
import java.text.DateFormat;
import java.text.ParseException;
import java.text.SimpleDateFormat;
import java.util.Date;

public class Main {
    public static void main(String[] args) {
        Date date = readDate();
        System.out.println("读取的日期 = " + date);
    }

    /**
     * 解析日期
     *
     * @return 返回解析成功的日期对象
     */
    public static Date readDate() {

        FileInputStream readfile = null;      // 声明文件输入流变量
        InputStreamReader ir = null;          // 声明 InputStreamReader 变量
        BufferedReader in = null;             // 声明 BufferedReader 变量
        try {
            // 创建文件输入流对象
            readfile = new FileInputStream("data.txt");
            // 创建 InputStreamReader 对象
            ir = new InputStreamReader(readfile);
            // 创建 BufferedReader 对象
            in = new BufferedReader(ir);
            // 从文件中读取一行数据
            String str = in.readLine();
            if (str == null) {
                return null;
            }
            // 创建日期格式对象
            DateFormat df = new SimpleDateFormat("yyyy-MM-dd");
            // 解析日期字符串
            Date date = df.parse(str);
```

```
                return date;
            } catch (FileNotFoundException e) {        // 捕获 FileNotFoundException 异常
                System.out.println("处理 FileNotFoundException...");
                e.printStackTrace();
            } catch (IOException e) {
                System.out.println("处理 IOException...");
                e.printStackTrace();
            } catch (ParseException e) {                // 捕获 ParseException 异常
                System.out.println("处理 ParseException...");
                e.printStackTrace();
            } finally {                                                         ①
                System.out.println("释放资源...");
                // 关闭 ir
                if (ir != null) {
                    try {
                        ir.close();                                             ②
                    } catch (IOException e2) {
                        e2.printStackTrace();
                    }
                }
                // 关闭 in
                if (in != null) {
                    try {
                        in.close();                                             ③
                    } catch (IOException e2) {
                        e2.printStackTrace();
                    }
                }
                // 关闭 readfile
                if (readfile != null) {
                    try {
                        readfile.close();                                       ④
                    } catch (IOException e2) {
                        e2.printStackTrace();
                    }
                }
            }                                                                   ⑤
            return null;
        }
    }
```

上述代码第①～⑤行是 finally 语句，通过关闭流释放资源。FileInputStream、
InputStreamReader 和 BufferedReader 是三个输入流，它们都需要关闭，见代码第②～④行
通过流的 close() 关闭流，但是流的 close() 方法还有可能发生 IOException 异常，所以这里
针对每一个 close() 语句还需要进行捕获处理。

## 11.4.2 自动资源管理

11.4.1 节使用 finally 代码块释放资源会导致程序代码大量增加，一个 finally 代码块

微课视频

往往比正常执行的程序还要多。Java 7 之后的版本提供的自动资源管理技术可以替代 finally 代码块，优化代码结构，提高程序的可读性。

自动资源管理是在 try 语句上的扩展，语法格式如下：

```
try (声明或初始化资源语句) {
    //可能会生成异常语句
} catch(Throwable e1){
    //处理异常 e1
} catch(Throwable e2){
    //处理异常 e2
} catch(Throwable eN){
    //处理异常 eN
}
```

在 try 语句后面添加一对小括号“()”，括号中是声明或初始化资源语句，可以有多条语句，语句之间用分号“;”分隔。

示例代码如下：

```
package exercise11_4_2;
//11.4.2 自动资源管理
//代码文件 Main.java
//Main 类

import java.io. * ;
import java.text.DateFormat;
import java.text.ParseException;
import java.text.SimpleDateFormat;
import java.util.Date;

public class Main {
    public static void main(String[] args) {
        Date date = readDate();
        System.out.println("读取的日期 = " + date);
    }

    /**
     * 解析日期
     *
     * @return 返回解析成功的日期对象
     */
    public static Date readDate() {
        // 自动资源管理
        try (FileInputStream readfile =
                new FileInputStream("data.txt");    // 创建 FileInputStream 对象    ①
            InputStreamReader ir =
                new InputStreamReader(readfile);    // 创建 InputStreamReader 对象  ②
            BufferedReader in =
                new BufferedReader(ir)) {            // 创建 BufferedReader 对象     ③
```

```
        // 读取文件中的一行数据
        String str = in.readLine();
        if (str == null) {
            return null;
        }
        // 创建日期格式对象
        DateFormat df = new SimpleDateFormat("yyyy-MM-dd");
        // 解析日期字符串
        Date date = df.parse(str);
        return date;
    } catch (FileNotFoundException e) {              // 捕获 FileNotFoundException 异常
        System.out.println("处理 FileNotFoundException...");
        e.printStackTrace();
    } catch (IOException e) {
        System.out.println("处理 IOException...");
        e.printStackTrace();
    } catch (ParseException e) {                     // 捕获 ParseException 异常
        System.out.println("处理 ParseException...");
        e.printStackTrace();
    }
    return null;
    }
}
```

上述代码第①～③行声明或初始化三个输入流，三条语句放在 try 语句后面的小括号中，语句之间用分号";"分隔，这就是自动资源管理技术。采用自动资源管理后不再需要 finally 代码块，不需要自己关闭这些资源，将释放过程交给了 JVM。

---

💡**注意**：所有可以自动管理的资源都需要实现 AutoCloseable 接口，上述代码中三个输入流 FileInputStream、InputStream Reader 和 BufferedReader 在 Java 7 及之后的版本中实现了 Auto Closeable 接口，具体哪些资源实现了 AutoCloseable 接口可以查阅 API 文档。

---

## 11.5 动手练一练

**选择题**

（1）如果下列方法能够正常运行，在控制台上将显示什么？（    ）

```
public class HelloWorld {
    public static void main(String[] args) {
        try {
            int a = 0;
            System.out.println(5 / a);
            System.out.println("Test1");
        } catch (Exception e) {
            System.out.println("Test 2");
```

```
        } finally {
            System.out.println("Test 3");
        }
        System.out.println("Test 4");
    }
}
```

    A. Test 1          B. Test 2          C. Test 3          D. Test 4

（2）哪个关键字可以抛出异常？（　　　）

    A. transient          B. finally          C. throw          D. static

（3）下面程序的输出是什么？（　　　）

```
class MyException extends Exception {}

public class HelloWorld {

    public static void main(String[] args) {
        try {
            throw new MyException();
        } catch (Exception e) {
            System.out.println("异常...");
        } finally {
            System.out.println("完成...");
        }
    }
}
```

    A. 异常...                        B. 完成...

    C. 异常...　完成...           D. 无输出

（4）下面的程序是一个异常嵌套处理的例子，其运行结果将是（　　　）。

```
public class HelloWorld {

    public static void main(String args[]) {
        try {
            try {
                int i;
                int j = 0;
                i = 1 / j;
            } catch (Exception e) {
                System.out.print("1");
                throw e;
            } finally {
                System.out.print("2");
            }
        } catch (Exception e) {
            System.out.print("3");
        } finally {
```

```
            System.out.println("4");
        }
    }

}
```

A．12　　　　　　　B．1234　　　　　C．234　　　　　　　D．1342

（5）下列代码在运行时抛出的异常将是（　　）。

```
public class HelloWorld {
    public static void main(String args[]) {
        int a[] = new int[10];
        a[10] = 0;
    }
}
```

A．ArithmeticException　　　　　　　B．ArrayIndexOutOfBoundsException

C．NegativeArraySizeException　　　　D．IllegalArgumentException

# 第 12 章

# I/O 流

Java 将数据的输入/输出(I/O)操作当作"流"处理。流是一组有序的数据序列,分为输入流和输出流,从数据源中读取数据是输入流,将数据写入目的地是输出流。如图 12-1 所示,输入的数据源有多种,如文件、网络数据和键盘输入信息等,其中键盘是默认的标准输入设备;而数据输出的目的地也有多种,如文件、网络和控制台,其中控制台是默认的标准输出设备。

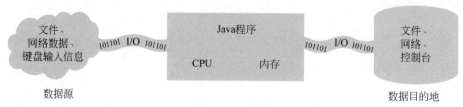

图 12-1    I/O 流

所有输入形式都抽象为输入流,所有输出形式都抽象为输出流,与设备无关。

微课视频

## 12.1  流类继承层次

按照输入/输出的方向划分,流可以分为输入流和输出流;按照读写的单位划分,流可以分为字节流和字符流。Java 标准版提供四个顶级抽象类。

(1) InputStream:字节输入流根类。

(2) OutputStream:字节输出流根类。

(3) Reader:字符输入流根类。

(4) Writer:字节输出流根类。

1. 字节输入流

字节输入流的根类是 InputStream,它有很多子类,主要字节输入流子类的说明如表 12-1 所示。

表 12-1    主要字节输入流子类

| 子 类 | 说 明 |
| --- | --- |
| FileInputStream | 文件输入流 |
| ByteArrayInputStream | 面向字节数组的输入流 |

续表

| 子 类 | 说 明 |
|---|---|
| PipedInputStream | 管道输入流,用于两个线程之间的数据传递 |
| FilterInputStream | 过滤输入流,是一个装饰器流,可以扩展其他输入流 |
| BufferedInputStream | 缓冲区输入流,是 FilterInputStream 类的子类 |
| DataInputStream | 面向基本数据类型的输入流 |

**2. 字节输出流**

字节输出流的根类是 OutputStream,它也有很多子类,主要子类的说明如表 12-2 所示。

表 12-2　主要字节输出流子类

| 子 类 | 说 明 |
|---|---|
| FileOutputStream | 文件输出流 |
| ByteArrayOutputStream | 面向字节数组的输出流 |
| PipedOutputStream | 管道输出流,用于两个线程之间的数据传递 |
| FilterOutputStream | 过滤输出流,是一个装饰器,可以扩展其他输出流 |
| BufferedOutputStream | 缓冲区输出流,是 FilterOutputStream 类的子类 |
| DataOutputStream | 面向基本数据类型的输出流 |

**3. 字符输入流**

字符输入流的根类是 Reader,这类流以 16 位的 Unicode 编码表示的字符为基本处理单位,它也有很多子类,主要子类的说明如表 12-3 所示。

表 12-3　主要字符输入流子类

| 子 类 | 说 明 |
|---|---|
| FileReader | 文件输入流 |
| CharArrayReader | 面向字符数组的输入流 |
| PipedReader | 管道输入流,用于两个线程之间的数据传递 |
| FilterReader | 过滤输入流,是一个装饰器,可以扩展其他输入流 |
| BufferedReader | 缓冲区输入流,也是装饰器,不是 FilterReader 类的子类 |
| InputStreamReader | 把字节流转换为字符流,它也是一个装饰器,是 FileReader 类的父类 |

**4. 字符输出流**

字符输出流的根类是 Writer,这类流以 16 位的 Unicode 编码表示的字符为基本处理单位,它也有很多子类,主要子类的说明如表 12-4 所示。

表 12-4　主要字符输出流子类

| 子 类 | 说 明 |
|---|---|
| FileWriter | 文件输出流 |
| CharArrayWriter | 面向字符数组的输出流 |
| PipedWriter | 管道输出流,用于两个线程之间的数据传递 |
| FilterWriter | 过滤输出流,是一个装饰器,可以扩展其他输出流 |
| BufferedWriter | 缓冲区输出流,也是装饰器,不是 FilterWriter 类的子类 |
| OutputStreamWriter | 把字节流转换为字符流,它也是一个装饰器,是 FileWriter 类的父类 |

## 12.2 字节流

12.1 节总体概述了 Java 中的 I/O 流层次结构技术，本节详细介绍字节流的 API。要掌握字节流的 API，首先需要熟悉它的两个抽象类：InputStream 和 OutputStream，并了解它们有哪些主要方法。

### 12.2.1 InputStream 抽象类

InputStream 抽象类是字节输入流的根类，它定义了很多方法，影响字节输入流的行为。InputStream 抽象类主要方法如下。

（1）int read()：读取一个字节，返回 0～255 的 int 字节值。如果已经到达流末尾，且没有可用的字节，则返回值−1。

（2）int read(byte b[])：读取多个字节，数据放到字节数组 b 中，返回值为实际读取的字节的数量。如果已经到达流末尾，且没有可用的字节，则返回值−1。

（3）int read(byte b[],int off,int len)：最多读取 len 个字节，数据放到以下标 off 开始的字节数组 b 中，将读取的第一个字节存储在元素 b[off] 中，第二个字节存储在 b[off+1] 中，依次类推。返回值为实际读取的字节的数量。如果已经到达流末尾，且没有可用的字节，则返回值−1。

（4）void close()：流操作完毕后必须关闭。

上述所有方法都可能会抛出 IOException 异常，因此使用时要注意处理异常。

### 12.2.2 OutputStream 抽象类

OutputStream 抽象类是字节输出流的根类，它定义了很多方法，影响字节输出流的行为。OutputStream 抽象类主要方法如下。

（1）void write(int b)：将 b 写入输出流。b 是 int 类型，占有 32 位，写入过程是写入 b 的 8 个低位，b 的 24 个高位将被忽略。

（2）void write(byte b[])：将 b. length 个字节从指定字节数组 b 写入输出流。

（3）void write(byte b[],int off,int len)：把字节数组 b 中从下标 off 开始、长度为 len 的字节写入输出流。

（4）void flush()：刷空输出流，并输出所有被缓存的字节。由于某些流支持缓存功能，该方法将把缓存中的所有内容强制输出到流中。

（5）void close()：流操作完毕后必须关闭。

上述所有方法都声明了抛出 IOException 异常，因此使用时要注意处理异常。

### 12.2.3 案例 1：二进制文件复制

前面介绍了两种字节流常用的方法，下面通过一个案例熟悉它们的使用。该案例实现文件复制，数据源是文件，所以会用到文件输入流 FileInputStream 类；数据目的地也是文件，所以会用到文件输出流 FileOutputStream 类。

FileInputStream 类和 FileOutputStream 类中主要方法都继承自 InputStream 类和 OutputStream 类,这在前面两节已经详细介绍过,这里不再赘述。下面介绍它们的构造方法。

FileInputStream 类构造方法主要有以下两种。

(1) FileInputStream(String name):创建 FileInputStream 对象,name 是文件名。如果文件不存在,则抛出 FileNotFoundException 异常。

(2) FileInputStream(File file):通过 File 对象创建 FileInputStream 对象。如果文件不存在,则抛出 FileNotFoundException 异常。

FileOutputStream 类构造方法主要有以下几种。

(1) FileOutputStream(String name):通过指定 name 文件名创建 FileOutputStream 对象。如果 name 文件存在,但是一个目录或文件无法打开,则抛出 FileNotFound Exception 异常。

(2) FileOutputStream(String name,boolean append):通过指定 name 文件名创建 FileOutputStream 对象,append 参数如果为 true,则将字节写到文件末尾处,而不是文件开始处。如果 name 文件存在,但是一个目录或文件无法打开,则抛出 FileNotFoundException 异常。

(3) FileOutputStream(File file):通过 File 对象创建 FileOutputStream 对象。如果 file 文件存在,但是一个目录或文件无法打开,则抛出 FileNotFoundException 异常。

(4) FileOutputStream(File file,boolean append):通过 File 对象创建 FileOutputStream 对象,append 参数如果为 true,则将字节写到文件末尾处,而不是文件开始处。如果 file 文件存在,但是一个目录或文件无法打开,则抛出 FileNotFoundException 异常。

下面介绍如何将当下项目根目录下的漫画 Java.png 文件内容复制为漫画 Java-副本.png,如图 12-2 所示。

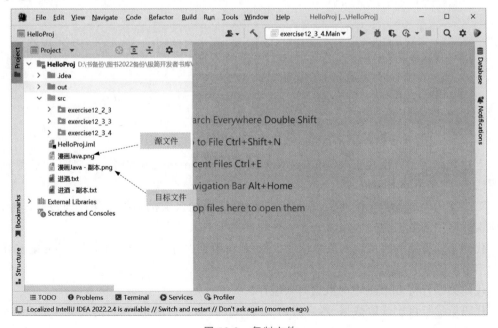

图 12-2 复制文件

案例实现代码如下：

```java
package exercise12_2_3;
//12.2.3 案例1：二进制文件复制

//代码文件 Main.java
import java.io.FileInputStream;
import java.io.FileNotFoundException;
import java.io.FileOutputStream;
import java.io.IOException;
//Main 类
public class Main {

    public static void main(String args[]) {
        try (FileInputStream in = new FileInputStream("漫画 Java.png");
            FileOutputStream out = new FileOutputStream("漫画 Java - 副本.png")) {    ①
            // 准备一个缓冲区
            byte[] buffer = new byte[1024];                                         ②
            // 首先读取一次
            int len = in.read(buffer);                                              ③
            while (len != -1) {                                                     ④
                // 开始写入数据
                out.write(buffer, 0, len);                                          ⑤
                // 再读取一次
                len = in.read(buffer);                                              ⑥
            }

        } catch (FileNotFoundException e) {
            System.out.println("复制失败! 文件没有发现!");
        } catch (IOException e) {
            System.out.println("复制失败!");
        }
        System.out.println("复制完成。");
    }
}
```

上述代码第①行创建 FileInputStream 和 FileOutputStream 对象，这是自动资源管理的写法，不需要手动关闭流。

第②行代码准备一个缓冲区，它是字节数组，读取输入流的数据并保存到缓冲区中，然后将缓冲区中的数据再写入输出流。

代码第③行第一次从输入流中读取数据，并将数据保存到 buffer 中，其中 len 是实际读取的字节数。

代码第⑤行将 buffer 中的数据写入缓存区。

代码第⑥行再次读取数据，然后回到 while (len!=-1)语句，判断读取文件是否结束。

## 12.3　字符流

12.2节介绍了字节流,本节详细介绍字符流的API。要掌握字符流的API,首先需要熟悉它的两个抽象类:Reader和Writer,并了解这两个抽象类有哪些主要方法。

### 12.3.1　Reader 抽象类

Reader抽象类是字符输入流的根类,它定义了很多方法,影响字符输入流的行为。

Reader抽象类主要方法如下。

(1) int read():读取一个字符,返回值在0~65535(0x00~0xffff)。如果已经到达流末尾,则返回值−1。

(2) int read(char[] cbuf):将字符读入数组cbuf,返回值为实际读取的字符的数量。如果已经到达流末尾,则返回值−1。

(3) int read(char[] cbuf,int off,int len):最多读取len个字符,放到以下标off开始的字符数组cbuf中,其中第一个字符存储在元素cbuf[off]中,第二个字符存储在cbuf[off+1]中,依次类推。返回值为实际读取的字符的数量。如果已经到达流末尾,则返回值−1。

(4) void close():流操作完毕后必须关闭。

上述所有方法都可能会抛出IOException异常,因此使用时要注意处理异常。

### 12.3.2　Writer 抽象类

Writer抽象类是字符输出流的根类,它定义了很多方法,影响字符输出流的行为。

Writer抽象类类主要方法如下。

(1) void write(int c):将整数值为c的字符写入输出流。其中c是int类型,占有32位,只写入c的16个低位,c的16个高位将被忽略。

(2) void write(char[] cbuf):将字符数组cbuf写入输出流。

(3) void write(char[] cbuf,int off,int len):把字符数组cbuf中从下标off开始、长度为len的字符写入输出流。

(4) void write(String str):将字符串str中的字符写入输出流。

(5) void write(String str,int off,int len):将字符串str中从索引off开始处的len个字符写入输出流。

(6) void flush():刷空输出流,并输出所有被缓存的字符。由于某些流支持缓存功能,该方法将把缓存中的所有内容强制输出到流中。

(7) void close():流操作完毕后必须关闭。

上述所有方法都声明了抛出IOException异常,因此使用时要注意处理异常。

### 12.3.3　案例2：文本文件复制

12.3.1和12.3.2节介绍了字符流常用的方法，下面通过一个案例熟悉它们的使用。该案例实现文件复制，数据源是文件，所以会用到文件输入流FileReader类；数据目的地也是文件，所以会用到文件输出流FileWriter类。

FileReader类和FileWriter类中的主要方法都继承自Reader类和Writer类，这在前面两节已经详细介绍，这里不再赘述。下面介绍FileReader类和FileWriter类的构造方法。

FileReader类构造方法主要有以下两种。

（1）FileReader(String fileName)：创建FileReader对象，其中fileName是文件名。如果文件不存在，则抛出FileNotFoundException异常。

（2）FileReader(File file)：通过File对象创建FileReader对象。如果文件不存在，则抛出FileNotFoundException异常。

FileWriter类构造方法主要有以下几种。

（1）FileWriter(String fileName)：通过指定fileName文件名创建FileWriter对象。如果fileName文件存在，但是一个目录或文件无法打开，则抛出FileNotFound Exception异常。

（2）FileWriter(String fileName, boolean append)：通过指定fileName文件名创建FileWriter对象。append参数如果为true，则将字符写到文件末尾处，而不是文件开始处。如果fileName文件存在，但是一个目录或文件无法打开，则抛出FileNotFoundException异常。

（3）FileWriter(File file)：通过File对象创建FileWriter对象。如果file文件存在，但是一个目录或文件无法打开，则抛出FileNotFoundException异常。

（4）FileWriter(File file, boolean append)：通过File对象创建FileWriter对象。append参数如果为true，则将字符写到文件末尾处，而不是文件开始处。如果file文件存在，但是一个目录或文件无法打开，则抛出FileNotFoundException异常。

复制文件将进酒.txt的案例代码如下：

```java
package exercise12_3_3;
//12.3.3 案例2：文本文件复制

//代码文件 Main.java
import java.io. * ;

//Main 类
public class Main {

    public static void main(String args[]) {
        try (FileReader in = new FileReader("将进酒.txt");
            FileWriter out = new FileWriter("将进酒 - 副本.txt")) {
            // 准备一个缓冲区
            char[] buffer = new char[10];
            // 首先读取一次
            int len = in.read(buffer);
```

```
            while (len != -1) {
                // 开始写入数据
                out.write(buffer, 0, len);
                // 再读取一次
                len = in.read(buffer);
            }

        } catch (FileNotFoundException e) {
            System.out.println("复制失败!文件没有发现!");
        } catch (IOException e) {
            System.out.println("复制失败!");
        }
        System.out.println("复制完成。");
    }
}
```

上述代码与12.2.3节示例代码非常相似,只是将文件输入流改为 FileReader 类,文件输出流改为 FileWriter 类,缓冲区使用的是字符数组。

## 12.3.4　字节流转换为字符流

有时需要将字节流转换为字符流,InputStreamReader 类和 OutputStreamWriter 类就是为实现这种转换而设计的。

InputStreamReader 类构造方法如下。

(1) InputStreamReader(InputStream in):将字节流 in 转换为字符流对象,字符流使用默认字符集。

(2) InputStreamReader(InputStream in,String charsetName):将字节流 in 转换为字符流对象。其中 charsetName 指定字符流的字符集,字符集主要有 US-ASCII、ISO-8859-1、UTF-8 和 UTF-16。如果系统不支持指定的字符集,则会抛出 UnsupportedEncodingException 异常。

OutputStreamWriter 类构造方法如下。

(1) OutputStreamWriter(OutputStream out):将字节流 out 转换为字符流对象,字符流使用默认字符集。

(2) OutputStreamWriter(OutputStream out,String charsetName):将字节流 out 转换为字符流对象。其中 charsetName 指定字符流的字符集,如果系统不支持指定的字符集,则会抛出 UnsupportedEncodingException 异常。

将 12.3.3 节示例改造为转换流示例代码如下:

```
package exercise12_3_4;
//12.3.4 字节流转换为字符流

//代码文件 Main.java

import java.io.*;
```

```
//Main 类
public class Main {

    public static void main(String args[]) {
        try      // 创建字节文件输入流对象
            (FileInputStream in = new FileInputStream("将进酒.txt");          ①
             // 创建转换流对象
             InputStreamReader isr = new InputStreamReader(in);
             // 创建缓冲输入流对象
             BufferedReader bis = new BufferedReader(isr);
             // 创建字节文件输出流对象
             FileOutputStream fos = new FileOutputStream("将进酒 - 副本.txt");
             // 创建转换流对象
             OutputStreamWriter osw = new OutputStreamWriter(fos);
             // 创建缓冲输出流对象
             BufferedWriter bos = new BufferedWriter(osw)) {                ②

            // 首先读取一行文本
            String line = bis.readLine();
            while (line != null) {
                // 开始写入数据
                bos.write(line);
                // 写一个换行符
                bos.newLine();
                // 再读取一行文本
                line = bis.readLine();
            }
        } catch (FileNotFoundException e) {
            System.out.println("复制失败!文件没有发现!");
        } catch (IOException e) {
            System.out.println("复制失败!");
        }
        System.out.println("复制完成。");
    }
}
```

上述代码第①～②行将这 6 个流放入 try（…）语句，由 JVM 自动管理关闭。上述流从一个文件字节流构建转换流，再构建缓冲流，这个过程比较麻烦。在 I/O 流开发过程中经常遇到这种流的"链条"。

## 12.4 动手练一练

### 选择题

（1）构造 BufferedInputStream 对象的合适参数是哪个？（        ）

    A. BufferedInputStream            B. BufferedOutputStream

    C. FileInputStream                  D. FileOuterStream

    E. File

（2）能够转换字符集的输出流是哪个？（　　　）

    A．Java. io. InputStream            B．Java. io. EncodedReader

    C．Java. io. InputStreamReader      D．Java. io. InputStreamWriter

    E．Java. io. BufferedInputStream

（3）下面哪两个选项能够创建 file. txt 文件输入流？（　　　）

    A．InputStream in＝new FileReader("file. txt");

    B．InputStream in＝new FileInputStream("file. txt");

    C．InputStream in＝new InputStreamFileReader ("file. txt","read");

    D．FileInputStream in＝new FileReader(new File("file. txt"));

    E．FileInputStream in＝new FileInputStream(new File("file. txt"));

（4）下面哪两个选项以追加方式创建 file. txt 文件输出流？（　　　）

    A．OutputStream out＝new FileOutputStream("file. txt");

    B．OutputStream out＝new FileOutputStream("file. txt","append");

    C．FileOutputStream out＝new FileOutputStream("file. txt",true);

    D．FileOutputStream out＝new FileOutputStream(new file("file. txt"));

    E．OutputStream out＝new FileOutputStream(new File("file. txt"),true);

第 13 章

# 图形界面编程

Swing 是 Java 图形用户界面(graphical user interface,GUI)编程技术,本章介绍如何通过 Java Swing 技术实现 GUI 编程。

## 13.1 Java 图形用户界面技术概述

Java 图形用户界面技术主要包括 AWT、Swing 和 JavaFX。

### 13.1.1 AWT

AWT(abstract window toolkit,抽象窗口工具包)是 Java 程序提供的建立图形用户界面最基础的工具集。AWT 支持图形用户界面编程的功能,包括用户界面组件(控件)、事件处理模型、图形图像处理(形状和颜色)、字体、布局管理器和本地平台的剪贴板等。AWT 是 Applet 和 Swing 技术的基础。

AWT 在实际运行过程中要调用所在平台的图形系统,因此同样一段 AWT 程序在不同的操作系统平台下运行的样式是不同的。例如,在 Windows 平台运行,显示的窗口是 Windows 风格的窗口,如图 13-1 所示;在 UNIX 平台运行,显示的则是 UNIX 风格的窗口;在 macOS 平台运行,显示的则是 macOS 风格的窗口,如图 13-2 所示。

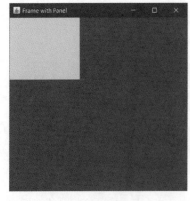

图 13-1　Windows 风格的 AWT 窗口

图 13-2　macOS 风格的 AWT 窗口

### 13.1.2　Swing

Swing 是 Java 的主要图形用户界面技术之一,提供跨平台的界面风格,用户可以自定义 Swing 的界面风格。Swing 提供了比 AWT 更完整的组件,引入了许多新的特性。Swing API 是围绕实现 AWT 各个部分的 API 构筑的。Swing 完全由 Java 实现,组件没有本地代码,不依赖操作系统的支持,这是它与 AWT 组件的最大区别。

### 13.1.3　JavaFX

JavaFX 是开发丰富互联网应用程序(rich internet application,RIA)的图形用户界面技术,JavaFX 期望能够在桌面应用的开发领域与 Adobe 公司的 AIR、微软公司的 Silverlight 相竞争。传统的互联网应用程序基于 Web,客户端是浏览器,而丰富互联网应用程序试图打造自己的客户端,替代浏览器。

## 13.2　Swing 技术基础

微课视频

Swing 的基础是 AWT,Swing 事件处理和布局管理都依赖于 AWT。AWT 内容来自 java.awt 包,Swing 内容来自 javax.swing 包。AWT 和 Swing 作为图形用户界面技术包括四个主要的概念:组件(Component)、容器(Container)、事件处理和布局管理器(LayoutManager)。下面将围绕这些概念展开。

### 13.2.1　Swing 容器类层次结构

容器和组件构成了 Swing 的主要内容。如图 13-3 所示是 Swing 容器类层次结构。Swing 容器类主要有 JWindow、JFrame 和 JDialog,其他不以 J 开头都是 AWT 提供的类,在 Swing 中大部分类都以 J 开头。

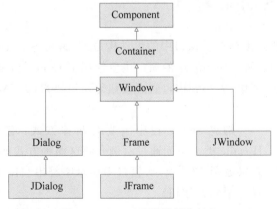

图 13-3　Swing 容器类层次结构

### 13.2.2　Swing 组件类层次结构

图 13-4 所示是 Swing 组件类层次结构。Swing 所有组件均继承自 JComponent，JComponent 又间接继承自 AWT 的 java.awt.Component 类。Swing 组件很多，这里不一一解释，在后面的学习过程中会重点介绍组件。

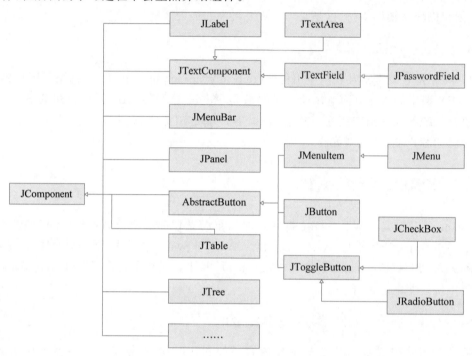

图 13-4　Swing 组件类层次结构

微课视频

## 13.3　第一个 Swing 程序

图形用户界面主要是由窗口及窗口中的组件构成的，编写 Swing 程序的过程主要就是创建窗口和添加组件的过程。Swing 中的窗口主要使用 JFrame 类，很少使用 JWindow 类。JFrame 类有标题、边框、菜单、大小和窗口管理按钮等窗口要素，而 JWindow 类没有标题栏和窗口管理按钮。

图 13-5　示例运行效果 1

构建 Swing 程序主要有两种方式：创建 JFrame 类和继承 JFrame 类。下面通过示例介绍这两种方式如何实现。该示例运行效果如图 13-5 所示，窗口中显示字符串"Hello Java!"标签控件，以及一个 OK 按钮。

Swing 中的窗口类是 JFrame，为了更加灵活，开发人员可以利用 JFrame 类编写自定义窗口类，自定义窗口类的代码如下：

```
//MyFrame.java 文件
package exercise13_3;
//13.3 第一个 Swing 程序
import javax.swing.*;
import java.awt.*;

public class MyFrame extends JFrame {                                ①
    public MyFrame(String title) {
        super(title);
        // 设置窗口布局,为流式布局
        setLayout(new FlowLayout());                                 ②
        //创建标签
        JLabel label = new JLabel("Hello Java!");
        //将标签添加到窗口
        add(label);                                                  ③
        // 创建 OK 按钮
        JButton btnOk = new JButton("OK");
        //将按钮添加到窗口
        add(btnOk);
        // 设置窗口大小
        setSize(100, 120);                                           ④
        // 设置窗口可见
        setVisible(true);                                            ⑤
    }
}
```

上述代码第①行声明 MyFrame 类继承 JFrame 类。

代码第②行设置窗口布局为流式布局,默认是边界布局管理,有关布局管理将在 13.5 节介绍。

代码第③行设置窗口布局为通过窗口(MyFrame)的 add()方法将控件添加到窗口中。

代码第④行设置窗口大小,默认情况下窗口是没有大小的。

代码第⑤行设置窗口可见,默认情况下窗口是不可见的。

上述代码只是自定义了窗口类,还需要在 Main 类中添加如下调用代码。

```
package exercise13_3;
//13.3 第一个 Swing 程序
public class Main {

    public static void main(String args[]) {
        //创建窗口对象
        new MyFrame("MyFrame");
    }
}
```

上述代码中实例化自定义的窗口 MyFrame 类,该类的构造方法参数"MyFrame"是设置窗口的标题,运行上述代码可见图 13-5 所示的窗口。

## 13.4 事件处理

图形界面的组件要响应用户操作,就必须添加事件处理机制。Swing 采用 AWT 的事件处理模型进行事件处理,在事件处理的过程中涉及三个要素。

(1)事件:是用户对界面的操作,在 Java 中事件被封装为事件类 java.awt.AWTEvent 及其子类,例如按钮单击事件类是 java.awt.event.ActionEvent。

(2)事件源:是事件发生的场所,就是各个组件,例如按钮单击事件的事件源是按钮(Button)。

(3)事件处理者:是事件处理程序,在 Java 中事件处理者是实现特定接口的事件对象。

在事件处理模型中最重要的是事件处理者,它根据事件(假设为 XXXEvent 事件)的不同会实现不同的接口,这些接口命名为 XXXListener,所以事件处理者也称事件监听器。最后事件源通过 addXXXListener()方法添加事件监听,以监听 XXXEvent 事件。不同事件类型和事件监听器接口如表 13-1 所示。

表 13-1　不同事件类型和事件监听器接口

| 事 件 类 型 | 相应监听器接口 | 监听器接口中的方法 |
|---|---|---|
| Action | ActionListener | actionPerformed(ActionEvent) |
| Item | ItemListener | itemStateChanged(ItemEvent) |
| Mouse | MouseListener | mousePressed(MouseEvent) |
| | | mouseReleased(MouseEvent) |
| | | mouseEntered(MouseEvent) |
| | | mouseExited(MouseEvent) |
| | | mouseClicked(MouseEvent) |
| Mouse Motion | MouseMotionListener | mouseDragged(MouseEvent) |
| | | mouseMoved(MouseEvent) |
| Key | KeyListener | keyPressed(KeyEvent) |
| | | keyReleased(KeyEvent) |
| | | keyTyped(KeyEvent) |
| Focus | FocusListener | focusGained(FocusEvent) |
| | | focusLost(FocusEvent) |
| Adjustment | AdjustmentListener | adjustmentValueChanged(AdjustmentEvent) |
| Component | ComponentListener | componentMoved(ComponentEvent) |
| | | componentHidden(ComponentEvent) |
| | | componentResized(ComponentEvent) |
| | | componentShown(ComponentEvent) |

续表

| 事 件 类 型 | 相应监听器接口 | 监听器接口中的方法 |
|---|---|---|
| Window | WindowListener | windowClosing(WindowEvent) |
| | | windowOpened(WindowEvent) |
| | | windowIconified(WindowEvent) |
| | | windowDeiconified(WindowEvent) |
| | | windowClosed(WindowEvent) |
| | | windowActivated(WindowEvent) |
| | | windowDeactivated(WindowEvent) |
| Container | ContainerListener | componentAdded(ContainerEvent) |
| | | componentRemoved(ContainerEvent) |
| Text | TextListener | textValueChanged(TextEvent) |

事件处理者可以实现 XXXListener 接口的任意形式,即外部类、内部类、匿名内部类和 Lambda 表达式;如果 XXXListener 接口只有一个抽象方法,事件处理者还可以是 Lambda 表达式。为方便访问窗口中的组件,往往使用内部类、匿名内部类和 Lambda 表达式。

## 13.4.1 内部类处理事件

微课视频

内部类和匿名内部类能够方便访问窗口中的组件,所以这里重点介绍内部类和匿名内部类实现的事件监听器。

下面通过一个示例介绍采用匿名内部类实现的事件处理。修改 13.3 节的示例代码,实现单击 OK 按钮改变标签内容,如图 13-6 所示。

示例代码如下:

```
//MyFrame.java 文件
package exercise13_4_1;
//13.4.1 内部类处理事件

import javax.swing. * ;
import java.awt. * ;
import java.awt.event.ActionEvent;
import java.awt.event.ActionListener;

public class MyFrame extends JFrame {
    public MyFrame(String title) {
        super(title);
        // 设置窗口布局,为流式布局
        setLayout(new FlowLayout());
        //创建标签
        JLabel label = new JLabel("Hello Java!");
        //将标签添加到窗口
        add(label);
        // 创建 OK 按钮
        JButton btnOk = new JButton("OK");
```

图 13-6 示例运行效果 2

```
        //将按钮添加到窗口
        add(btnOk);
        // 设置窗口大小
        setSize(100, 120);
        // 设置窗口可见
        setVisible(true);

        // 注册事件监听器
        btnOk.addActionListener(new ActionListener() {      // 通过内部类事件处理者   ①
            @Override
            public void actionPerformed(ActionEvent e) {                            ②
                label.setText("世界您好!");
            }
        });
    }
}
```

上述代码第①行通过 addActionListener()方法注册事件监听器,该方法参数要求是实现 ActionListener 接口实例对象,这里采用了匿名内部类实现该接口,这就是事件处理者。代码第②行是实现 ActionListener 接口所要求实现的方法,在该方法中进行事件处理。

## 13.4.2　Lambda 表达式处理事件

微课视频

如果一个事件监听器接口只有一个抽象方法,则可以使用 Lambda 表达式实现事件处理,这类接口主要包括 ActionListener、AdjustmentListener、ItemListener、MouseWheelListener、TextListener 和 WindowStateListener 等。

将 13.4.1 节的示例代码修改如下:

```
//MyFrame.java 文件
package exercise13_4_2;
//13.4.2 Lambda 表达式处理事件

import javax.swing.*;
import java.awt.*;

public class MyFrame extends JFrame {
    public MyFrame(String title) {
        super(title);
        // 设置窗口布局,为流式布局
        setLayout(new FlowLayout());
        //创建标签
        JLabel label = new JLabel("Hello Java!");
        //将标签添加到窗口
        add(label);
        // 创建 OK 按钮
        JButton btnOk = new JButton("OK");
        //将按钮添加到窗口
        add(btnOk);
```

```
    // 设置窗口大小
    setSize(100, 120);
    // 设置窗口可见
    setVisible(true);

    // 注册事件监听器,监听 Button1 单击事件
    btnOk.addActionListener(e -> {                                    ①
        label.setText("世界您好!");
    });
  }
}
```

上述代码第①行采用 Lambda 表达式实现事件监听器,可见代码非常简单。

### 13.4.3　使用适配器

微课视频

事件监听器都是接口,在 Java 接口中定义的抽象方法必须全部实现,哪怕对某些方法并不关心,也要用一对空的大括号表示实现。例如,WindowListener 是窗口事件(WindowEvent)监听器接口,为了在窗口中接收到窗口事件,需要在窗口中注册 WindowListener 事件监听器。示例代码如下:

```
this.addWindowListener(new WindowListener() {

    @Override
    public void windowActivated(WindowEvent e) {
    }

    @Override
    public void windowClosed(WindowEvent e) {
    }

    @Override
    public void windowClosing(WindowEvent e) {                        ①
        // 退出系统
        System.exit(0);
    }

    @Override
    public void windowDeactivated(WindowEvent e) {
    }

    @Override
    public void windowDeiconified(WindowEvent e) {
    }

    @Override
    public void windowIconified(WindowEvent e) {
    }
```

```
@Override
public void windowOpened(WindowEvent e) {
}
});
```

实现 WindowListener 接口需要提供它的七个方法的实现，很多情况下只是想在关闭窗口时释放资源，只需要实现代码第①行的 windowClosing(WindowEvent e)，并不关心其他方法，但是也必须给出空的实现。这样的代码看起来很臃肿。为此，Java 还提供了一些与监听器相配套的适配器。监听器是接口，命名采用 XXXListener，而适配器是类，命名采用 XXX Adapter。在使用时通过继承事件所对应的适配器类，覆盖所需要的方法，无关方法不用实现。

采用适配器注册接收窗口事件代码如下：

```
//MyFrame.java 文件
package exercise13_4_3;
//13.4.3 使用适配器

import javax.swing. * ;
import java.awt. * ;
import java.awt.event.WindowAdapter;
import java.awt.event.WindowEvent;
import java.awt.event.WindowListener;

public class MyFrame extends JFrame {
    public MyFrame(String title) {
        super(title);
        // 设置窗口布局为流式布局
        setLayout(new FlowLayout());
        // 创建标签
        JLabel label = new JLabel("Hello Java!");
        // 将标签添加到窗口
        add(label);
        // 创建 OK 按钮
        JButton btnOk = new JButton("OK");
        // 将按钮添加到窗口
        add(btnOk);
        // 设置窗口大小
        setSize(100, 120);
        // 设置窗口可见
        setVisible(true);

        // 注册事件监听器,监听 OK 按钮单击事件
        btnOk.addActionListener(e -> {
            label.setText("世界您好!");
        });

        // 注册事件监听器,监听窗口事件
        addWindowListener(new WindowAdapter() {                      ①
```

```
        @Override
        public void windowClosing(WindowEvent evt) {                    ②
            System.exit(0);              // 中断程序
        }
    });
}
```

上述代码第①行注册事件监听器,其中采用了匿名内部类方式实现;代码第②行重写 windowClosing()方法,在该方法中实现关闭窗口处理。

并非所有监听器接口都有对应的适配器类,一般只有定义了多个方法的监听器接口,例如,WindowListener 有多个方法对应多种不同的窗口事件时,才需要配套的适配器。主要的适配器如下。

(1) ComponentAdapter:组件适配器。

(2) ContainerAdapter:容器适配器。

(3) FocusAdapter:焦点适配器。

(4) KeyAdapter:键盘适配器。

(5) MouseAdapter:鼠标适配器。

(6) MouseMotionAdapter:鼠标运动适配器。

(7) WindowAdapter:窗口适配器。

## 13.5　布局管理

为了实现图形用户界面的跨平台,并实现动态布局等效果,Java SE 提供了七种布局,包括 FlowLayout、BorderLayout、GridLayout、BoxLayout、CardLayout、SpringLayout 和 GridBagLayout,负责组件的排列顺序、大小、位置,以及窗口移动或调整大小后的组件变化等。其中最基础的是 FlowLayout、BorderLayout 和 GridLayout 布局,下面重点介绍这三种布局。

### 13.5.1　FlowLayout 布局

微课视频

FlowLayout 布局摆放组件的规律是:从左到右、从上到下进行摆放,如果容器足够宽,则第一个组件先添加到容器中第一行的最左边,后续的组件依次添加到上一个组件的右边;如果当前行已摆放不下该组件,则摆放到下一行的最左边。

FlowLayout 的主要构造方法如下。

(1) FlowLayout(int align,int hgap,int vgap):创建一个 FlowLayout 对象,它具有指定的对齐方式及指定的水平和垂直间隙。其中 hgap 参数是组件之间的水平间隙,vgap 参数是组件之间的垂直间隙,单位是像素。

(2) FlowLayout(int align):创建一个 FlowLayout 对象,具有指定的对齐方式,默认的

水平和垂直间隙是 5 个单位。

（3）FlowLayout()：创建一个 FlowLayout 对象，它是居中对齐的，默认的水平和垂直间隙是 5 个单位。

上述构造方法中的参数 align 是对齐方式，它是通过 FlowLayout 的常量指定的，这些常量说明如下。

（1）FlowLayout. CENTER：指示每一行组件都应该是居中对齐的。

（2）FlowLayout. LEADING：指示每一行组件都应该与容器方向的开始边对齐，例如，对于从左到右的方向，则与左边对齐。

（3）FlowLayout. LEFT：指示每一行组件都应该是左对齐的。

（4）FlowLayout. RIGHT：指示每一行组件都应该是右对齐的。

（5）FlowLayout. TRAILING：指示每一行组件都应该与容器方向的结束边对齐，例如，对于从左到右的方向，则与右边对齐。

示例代码如下：

```java
//MyFrame.java 文件
package exercise13_5_1;
//13.5.1 FlowLayout 布局

import javax.swing. * ;
import java.awt. * ;

public class MyFrame extends JFrame {
    public MyFrame(String title) {
        super(title);
        // 设置窗口布局,为流式布局
        setLayout(new FlowLayout(FlowLayout.LEFT, 20, 20));        ①

        // 创建标签
        JLabel label = new JLabel("Label");
        // 将标签添加到窗口
        add(label);
        // 创建 Button1 按钮
        JButton button1 = new JButton("Button1");
        // 创建 Button2 按钮
        JButton button2 = new JButton("Button2");
        // 将按钮添加到窗口
        add(button1);
        add(button2);
        // 设置窗口大小
        setSize(350, 120);
        // 设置窗口可见
        setVisible(true);

        // 注册事件监听器,监听 Button1 单击事件
        button1.addActionListener((event) -> {
```

```
            label.setText("单击 Button1");
        });

        // 注册事件监听器,监听 Button2 单击事件
        button2.addActionListener((event) -> {
            label.setText("单击 Button2");
        });
    }
}
```

上述代码第①行设置当前窗口的布局是 FlowLayout 布局,采用 FlowLayout(int align,int hgap,int vgap)构造方法。一旦设置了 FlowLayout 布局,就可以通过 add()方法添加组件到窗口。

运行结果如图 13-7(a)所示。采用 FlowLayout 布局时,如果水平空间比较小,组件会垂直摆放,拖动窗口的边缘使窗口变窄,如图 13-7(b)所示,最后一个组件将换行排列。

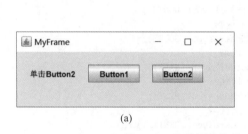 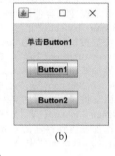

(a)　　　　　　　　　　　(b)

图 13-7　示例运行效果 3

### 13.5.2　BorderLayout 布局

BorderLayout 布局是窗口的默认布局,BorderLayout 是 JWindow、JFrame 和 JDialog 的默认布局。BorderLayout 布局把容器分成五个区域:东、南、西、北、中,如图 13-8 所示,每个区域只能放置一个组件。

BorderLayout 的主要构造方法如下。

(1) BorderLayout(int hgap, int vgap):创建一个 BorderLayout 对象,指定水平和垂直间隙。其中 hgap 参数是组件之间的水平间隙,vgap 参数是组件之间的垂直间隙,单位是像素。

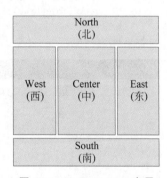

图 13-8　BorderLayout 布局

微课视频

(2) BorderLayout():创建一个 BorderLayout 对象,组件之间没有间隙。

BorderLayout 布局有五个区域,为此 BorderLayout 中定义了五个约束常量,说明如下。

(1) BorderLayout.CENTER:中区域的布局约束(容器中央)。

(2) BorderLayout.EAST:东区域的布局约束(容器右边)。

(3) BorderLayout.NORTH:北区域的布局约束(容器顶部)。

（4）BorderLayout. SOUTH：南区域的布局约束（容器底部）。

（5）BorderLayout. WEST：西区域的布局约束（容器左边）。

示例代码如下：

```java
//MyFrame.java 文件
package exercise13_5_2;
//13.5.2 BorderLayout 布局

import javax.swing. * ;
import java.awt. * ;

public class MyFrame extends JFrame {
    public MyFrame(String title) {
        super(title);

        // 设置 BorderLayout 布局
        setLayout(new BorderLayout(10, 10));                        ①
        // 添加按钮到容器的 North 区域
        add(new JButton("北"), BorderLayout.NORTH);                 ②
        // 添加按钮到容器的 South 区域
        add(new JButton("南"), BorderLayout.SOUTH);                 ③
        // 添加按钮到容器的 East 区域
        add(new JButton("东"), BorderLayout.EAST);                  ④
        // 添加按钮到容器的 West 区域
        add(new JButton("西"), BorderLayout.WEST);                  ⑤
        // 添加按钮到容器的 Center 区域
        add(new JButton("中"), BorderLayout.CENTER);                ⑥

        // 设置窗口大小
        setSize(300, 300);
        // 设置窗口可见
        setVisible(true);
    }
}
```

图 13-9　BorderLayout 布局示例
运行结果

上述代码第①行设置窗口布局为 BorderLayout 布局，组件之间间隙是 10 个像素，事实上，窗口默认布局就是 BorderLayout，只是组件之间没有间隙，如图 13-9 所示。代码第②～⑥行分别添加了五个按钮，使用的添加方法是 add(Component comp, Object constraints)，其中第二个参数 constraints 是指定约束。

当使用 BorderLayout 布局时，如果容器的大小发生变化，则其变化规律为：组件的相对位置不变，只有大小发生变化；如果容器变宽或窄，则西和东区域不变，南、北和变宽或窄，如图 13-10(a)所示；如果容器变高或矮，则北和南不变，东、西和中变高或矮，如图 13-10(b)所示。

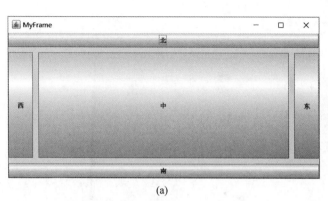

(a)                                             (b)

图 13-10 BorderLayout 布局与容器大小变化

### 13.5.3 GridLayout 布局

微课视频

GridLayout 布局以网格形式对组件进行摆放,容器被分成大小相等的矩形,每个矩形中放置一个组件。

GridLayout 布局的主要构造方法如下。

(1) GridLayout():创建具有默认值的 GridLayout 对象,即每个组件占据一行一列。

(2) GridLayout(int rows,int cols):创建具有指定行数和列数的 GridLayout 对象。

(3) GridLayout(int rows,int cols,int hgap,int vgap):创建具有指定行数和列数的 GridLayout 对象,并指定水平和垂直间隙。

示例代码如下:

```
//MyFrame.java 文件
package exercise13_5_3;
//13.5.3 GridLayout 布局

import javax.swing. * ;
import java.awt. * ;

public class MyFrame extends JFrame {
    public MyFrame(String title) {
        super(title);
        // 设置三行三列的 GridLayout 布局管理器
        setLayout(new GridLayout(3, 3));                    ①

        // 添加按钮到第一行的第一格
        add(new JButton("1"));
        // 添加按钮到第一行的第二格
```

```
        add(new JButton("2"));
        // 添加按钮到第一行的第三格
        add(new JButton("3"));
        // 添加按钮到第二行的第一格
        add(new JButton("4"));
        // 添加按钮到第二行的第二格
        add(new JButton("5"));
        // 添加按钮到第二行的第三格
        add(new JButton("6"));
        // 添加按钮到第三行的第一格
        add(new JButton("7"));
        // 添加按钮到第三行的第二格
        add(new JButton("8"));
        // 添加按钮到第三行的第三格
        add(new JButton("9"));

        setSize(400, 400);
        // 设置窗口可见
        setVisible(true);
    }
}
```

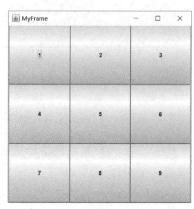

图 13-11　GridLayout 布局示例
代码运行结果

上述代码第①行设置当前窗口布局采用三行三列的 GridLayout 布局，它有九个区域，分别从左到右、从上到下摆放，添加了九个 JButton。运行结果如图 13-11 所示。

# 13.6　Swing 组件

Swing 所有组件都继承自 JComponent 类，主要有文本处理、按钮、标签、列表、面板、下拉列表、滚动条、滚动面板、菜单、表格和树等。下面介绍常用的 Swing 组件。

微课视频

## 13.6.1　标签和按钮

标签在前面示例中已经用到了，本节再深入介绍一下。

Swing 中的标签类是 JLabel，它不仅可以显示文本，还可以显示图标。JLabel 类的构造方法如下：

（1）JLabel()：创建一个无图标、无标题的标签对象。

（2）JLabel(Icon image)：创建一个有图标的标签对象。

（3）JLabel(Icon image,int horizontalAlignment)：通过指定图标和水平对齐方式创建标签对象。

（4）JLabel(String text)：创建一个标签对象，并指定其显示的文本。

（5）JLabel(String text,Icon icon,int horizontalAlignment)：通过指定显示的文本、图

标和水平对齐方式创建标签对象。

（6）JLabel(String text,int horizontalAlignment)：通过指定显示的文本和水平对齐方式创建标签对象。

上述构造方法中的 horizontalAlignment 参数是水平对齐方式,它的取值是 SwingConstants 中定义的以下常量之一：LEFT、CENTER、RIGHT、LEADING 或 TRAILING。

Swing 中的按钮类是 JButton,JButton 类不仅可以显示文本,还可以显示图标。JButton 类的常用构造方法如下：

（1）JButton()：创建不带文本或图标的按钮对象。

（2）JButton(Icon icon)：创建一个带图标的按钮对象。

（3）JButton(String text)：创建一个带文本的按钮对象。

（4）JButton(String text,Icon icon)：创建一个带初始文本和图标的按钮对象。

下面通过示例介绍在标签中如何使用图标。如图 13-12 所示,界面中有一个图标,它是通过标签组件显示的。

示例代码如下：

```
//MyFrame.java 文件
package exercise13_6_1;
//13.6.1 标签

import javax.swing.*;
import java.awt.*;

public class MyFrame extends JFrame {
    public MyFrame(String title) {
        super(title);
        // 设置窗口背景颜色
        getContentPane().setBackground(Color.WHITE);          ①
        // 创建图标对象
        ImageIcon image1 = new ImageIcon("./images/bird2.jpg");  ②
        setSize(400, 400);
        // 创建标签
        JLabel label = new JLabel(image1);
        // 设置标签内容水平居中
        label.setHorizontalAlignment(SwingConstants.CENTER);   ③
        // 添加标签到内容面板
        add(label);
        // 设置窗口可见
        setVisible(true);
    }
}
```

图 13-12　示例运行效果 4

上述代码第①行设置窗口背景颜色,由于窗口上面还有一个内容面板容器,通过 getContentPane()方法可以获得这个容器对象,设置窗口背景事实上是设置内容面板的背景。

代码第②行创建图标对象，其中图标类是 ImageIcon。

代码第③行设置标签文本水平居中。

微课视频

## 13.6.2　文本输入组件

文本输入组件主要有文本框(JTextField)、密码框(JPasswordField)和文本区(JTextArea)。文本框和密码框原本都只能输入和显示单行文本，按 Enter 键则可以触发 ActionEvent 事件，使文本框可输入和显示多行文本。

文本框(JTextField)的常用构造方法如下。

(1) JTextField()：创建一个空的文本框对象。

(2) JTextField(int columns)：指定列数，创建一个空的文本框对象，列数是文本框显示的宽度，列数主要用于 FlowLayout 布局。

(3) JTextField(String text)：创建文本框对象，并指定初始化文本。

(4) JTextField(String text,int columns)：创建文本框对象，并指定初始化文本和列数。JPasswordField 类继承自 JTextField 类，构造方法与 JTextField 类类似，这里不再赘述。

文本区(JTextArea)的常用构造方法如下。

(1) JTextArea()：创建一个空的文本区对象。

(2) JTextArea(int rows,int columns)：创建文本区对象，并指定行数和列数。

(3) JTextArea(String text)：创建文本区对象，并指定初始化文本。

(4) JTextArea(String text,int rows,int columns)：创建文本区对象，并指定初始化文本、行数和列数。

下面通过示例介绍文本输入组件。如图 13-13 所示，界面中有两个标签(TextField：和 Password：)、一个文本框、一个密码框和一个文本区，当焦点在文本框时，按 Enter 键可触发文本框的 ActionEvent 事件，并将文本框中的内容添加到右边的文本区中。

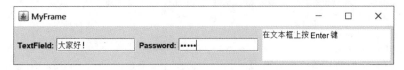

图 13-13　示例运行效果 5

示例代码如下：

```
//MyFrame.java 文件
package exercise13_6_2;
//13.6.2 文本输入组件

import javax.swing. * ;
import java.awt. * ;
```

```
public class MyFrame extends JFrame {
    public MyFrame(String title) {
        super(title);
        // 设置窗口布局为流式布局
        setLayout(new FlowLayout());
        // 创建标签
        JLabel lblTextFieldLabel = new JLabel("TextField:");
        // 添加标签到窗口
        add(lblTextFieldLabel);
        // 创建文本框
        JTextField textField = new JTextField(12);
        // 添加标签到窗口
        add(textField);
        // 创建标签
        JLabel lblPasswordLabel = new JLabel("Password:");
        // 添加标签到窗口
        add(lblPasswordLabel);
        // 创建密码框
        JPasswordField passwordField = new JPasswordField(12);
        // 添加密码框到窗口
        add(passwordField);
        // 创建标签
        JLabel lblTextAreaLabel = new JLabel("TextArea:");
        // 创建文本区
        JTextArea textArea = new JTextArea(3, 20);
        // 添加文本区到窗口
        add(textArea);

        // 设置窗口大小
        pack(); // 紧凑排列,其作用相当于 setSize()                        ①
        // 设置窗口可见
        setVisible(true);

        textField.addActionListener((event) -> {
            textArea.setText("在文本框上按 Enter 键");                     ②
        });
    }
}
```

上述代码第①行通过 pack()方法设置窗口的大小,刚好将容器中所有组件包裹进去。

代码第②行文本框 textField 注册 ActionEvent 事件,当用户在文本框中按 Enter 键时触发。

### 13.6.3　单选按钮

Swing 中单选组件是单选按钮(JRadioButton),它们在同一组的多个单选按钮应该具有互斥特性,这也是为什么单选按钮也叫作收音机按钮(RadioButton),就是当一个按钮按下时,其他按钮就会抬起。同一组中多个单选按钮应该放到同一个 ButtonGroup 对象中。

微课视频

ButtonGroup 对象不属于容器，它会创建一个互斥作用范围。

下面通过示例介绍单选按钮的使用。如图 13-14 所示，界面中有一组单选按钮。

示例代码如下：

图 13-14　单选按钮示例效果

```java
//MyFrame.java 文件
package exercise13_6_3;
//13.6.3 单选按钮

import javax.swing. * ;
import java.awt. * ;
import java.awt.event.ItemEvent;

public class MyFrame extends JFrame {
    public MyFrame(String title) {
        super(title);
        // 设置窗口布局为流式布局
        setLayout(new FlowLayout());

        // 创建标签
        JLabel lblTextAreaLabel = new JLabel("选择性别:");
        add(lblTextAreaLabel);
        // 声明并创建 RadioButton 对象
        JRadioButton rb1 = new JRadioButton("男");                    ①
        JRadioButton rb2 = new JRadioButton("女", true);     // 设置默认选中  ②
        // 添加 RadioButton 到窗口
        add(rb1);
        add(rb2);
        // 创建 ButtonGroup 对象
        ButtonGroup buttonGroup = new ButtonGroup();                 ③
        // 添加 RadioButton 到 ButtonGroup 对象
        buttonGroup.add(rb1);
        buttonGroup.add(rb2);


        // 设置窗口大小
        pack(); // 紧凑排列
        // 设置窗口可见
        setVisible(true);

        ///////事件处理////////////

        // 注册 rb1 的 ItemEvent 事件监听器
        rb1.addItemListener(e -> {                                   ④
            // 获得事件源(即 rb1 对象)
            JRadioButton button = (JRadioButton) e.getItem();
            // 判断按钮的状态
            if (e.getStateChange() == ItemEvent.SELECTED) {
                // 判断按钮上的标签
                System.out.println(button.getText());
```

```
            }
        });

        // 注册 rb2 的 ItemEvent 事件监听器
        rb2.addItemListener(e -> {
            // 获得事件源(即 rb2 对象)
            JRadioButton button = (JRadioButton) e.getItem();
            if (e.getStateChange() == ItemEvent.SELECTED) {
                System.out.println(button.getText());
            }
        });
    }
}
```

上述代码第①行和第②行创建了两个单选按钮对象,为了能让这两个单选按钮互斥,需要把它们添加到一个 ButtonGroup 对象中。代码第③行创建 ButtonGroup 对象,并把两个单选按钮对象添加进来。

为了监听单选按钮的选择状态,注册 ItemEvent 事件监听器,代码第④行通过 Lambda 表达式处理单选按钮事件。

### 13.6.4　复选框

微课视频

Swing 中的多选组件是复选框(JCheckBox),复选框(JCheckBox)有时也单独使用,能提供两种状态的开和关。

下面通过示例介绍复选框。如图 13-15 所示,界面中有一组复选框。

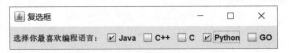

图 13-15　复选框示例效果

示例代码如下:

```
//MyFrame.java 文件
package exercise13_6_4;
//13.6.4 复选框

import javax.swing.*;
import java.awt.*;
import java.awt.event.ItemEvent;
import java.awt.event.ItemListener;

public class MyFrame extends JFrame implements ItemListener {          ①
    public MyFrame(String title) {
        super(title);
        // 设置窗口布局为流式布局
        setLayout(new FlowLayout());
```

```java
        // 创建标签
        JLabel label = new JLabel("选择你最喜欢编程语言:");
        label.setHorizontalAlignment(SwingConstants.RIGHT);
        add(label);
        // 创建复选框
        JCheckBox ckb1 = new JCheckBox("Java", true);        // 设置默认选中状态
        JCheckBox ckb2 = new JCheckBox("C++");
        JCheckBox ckb3 = new JCheckBox("C");
        JCheckBox ckb4 = new JCheckBox("Python");
        JCheckBox ckb5 = new JCheckBox("GO");
        // 添加复选框到窗口
        add(ckb1);
        add(ckb2);
        add(ckb3);
        add(ckb4);
        add(ckb5);

        // 设置窗口大小
        pack();
        // 设置窗口可见
        setVisible(true);

        ///////ItemEvent 事件监听器////////////
        ckb1.addItemListener(this);                          ②
        ckb2.addItemListener(this);
        ckb3.addItemListener(this);
        ckb4.addItemListener(this);
        ckb5.addItemListener(this);                          ③
    }

    // 事件处理方法
    @Override
    public void itemStateChanged(ItemEvent e) {              ④
        if (e.getStateChange() == ItemEvent.SELECTED) {
            JCheckBox button = (JCheckBox) e.getItem();
            System.out.println(button.getText());
        }
    }
}
```

上述代码第①行声明 MyFrame 类时实现了接口 ItemListener,该接口是复选框选择事件处理所需要的。本例中的复选框事件处理者就是当前窗口对象。为了处理复选框的事件,还需要注册 ItemEvent 事件监听器,见代码第②～③行。代码第④行是复选框处理方法。

### 13.6.5　列表

Swing 中提供了列表(JList)组件,可以单选或多选。
JList 的常用构造方法如下。

微课视频

（1）JList（）：创建一个列表对象。

（2）JList（Object［］listData）：创建一个列表对象，参数 listData 用于设置列表中的选项。列表中的选项内容可以是任意类，而不再局限于 String。

下面通过示例介绍列表组件。如图 13-16 所示，界面中有一个列表组件。

示例代码如下：

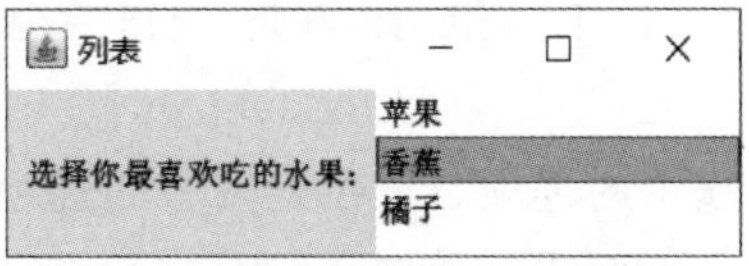

```
//MyFrame.java 文件
package exercise13_6_5;
//13.6.5 列表

import javax.swing. * ;
import java.awt. * ;

public class MyFrame extends JFrame {
    public MyFrame(String title) {
        super(title);
        String[] s1 = {"苹果", "香蕉", "橘子"};
        // 设置窗口布局为 GridLayout
        setLayout(new GridLayout(1, 2, 0, 0));
        // 创建标签
        JLabel label = new JLabel("选择你最喜欢吃的水果:");
        label.setHorizontalAlignment(SwingConstants.RIGHT);
        add(label, BorderLayout.NORTH);
        // 创建列表组件
        JList list1 = new JList(s1);
        add(list1, BorderLayout.CENTER);
        // 设置为单选模式
        list1.setSelectionMode(ListSelectionModel.SINGLE_SELECTION);

        // 注册项目选择事件监听器
        list1.addListSelectionListener(e -> {
            // 可以判断鼠标释放
            if (e.getValueIsAdjusting() == false) {                          ①
                // 获得选择的字符串
                String itemString = (String) list1.getSelectedValue();
                System.out.println(itemString);
            }
        });
        // 设置窗口大小
        setSize(300, 100);
        // 设置窗口可见
        setVisible(true);
    }
}
```

图 13-16 列表组件示例效果

上述代码第①行中，当 e. getValueIsAdjusting（）＝＝false，可以判断鼠标释放；当 e. getValueIsAdjusting（）＝＝true，可以判断鼠标按下。

### 13.6.6 下拉列表

Swing 中提供了下拉列表（JComboBox）组件，每次只能选择其中的一项。

JComboBox 的常用构造方法如下。

（1）JComboBox()：创建一个下拉列表对象。

（2）JComboBox(Object [] items)：创建一个下拉列表对象，参数 items 用于设置下拉列表中的选项。下拉列表中的选项内容可以是任意类，而不再局限于 String。

下面通过示例介绍下拉列表组件。如图 13-17 所示，界面中有一个下拉列表组件。

示例代码如下：

```
//MyFrame.java 文件
package exercise13_6_6;
//13.6.6 下拉列表
```

图 13-17　下拉列表组件示例效果

```
import javax.swing.*;
import java.awt.*;

public class MyFrame extends JFrame {
    public MyFrame(String title) {
        super(title);
        String[] s1 = {"苹果", "香蕉", "橘子"};
        // 设置窗口布局为流式布局
        setLayout(new FlowLayout());
        // 创建标签
        JLabel label = new JLabel("选择你最喜欢吃的水果:");
        label.setHorizontalAlignment(SwingConstants.RIGHT);
        add(label);
        // 创建下拉列表组件
        JComboBox comboBox = new JComboBox(s1);                    ①
        add(comboBox);
        // 注册 Action 事件监听器,采用 Lambda 表达式

        comboBox.addActionListener(e -> {                          ②
            JComboBox cb = (JComboBox) e.getSource();              ③
            // 获得选择的项目
            String itemString = (String) cb.getSelectedItem();     ④
            System.out.println(itemString);
        });

        // 设置窗口大小
        pack();
        // 设置窗口可见
        setVisible(true);
    }
}
```

上述代码第①行创建下拉列表组件对象，其中构造方法参数是字符串数组。

代码第②行注册下拉列表组件的事件处理。下拉列表在进行事件处理时,可以注册 ActionListener 和 ItemListener 两种事件监听器,每个监听器都只有一个抽象方法需要实现,因此可以采用 Lambda 表达式作为事件处理者。

代码第③行通过 e 事件参数获得事件源。

代码第④行获得选中的项目。

## 13.7　复杂组件:表格

微课视频

当有大量数据需要展示时,可以使用二维表格,有时也可以使用表格修改数据。表格是非常重要的组件。Swing 提供了表格组件 JTable 类,但是表格组件比较复杂,它的表现形式与数据是分离的。Swing 的很多组件都是按照 MVC 设计模式进行设计的,其中 JTable 最有代表性。按照 MVC 的设计理念,JTable 属于视图,对应的模型是 javax. swing. table. TableModel 接口实现类,根据自己的业务逻辑和数据实现 TableModel 接口。TableModel 接口要求实现所有抽象方法,使用起来比较麻烦,如果只需要很简单的表格,则可以使用 AbstractTableModel 抽象类。实际开发时需要继承 AbstractTableModel 抽象类。

JTable 类的常用构造方法如下。

(1) JTable(TableModel dm):通过模型创建表格,其中 dm 是模型对象,包含表格要显示的数据。

(2) JTable(Object[][] rowData,Object[] columnNames):通过二维数组和指定列名创建一个表格对象,其中 rowData 是表格中的数据,columnNames 是列名。

(3) JTable(int numRows,int numColumns):指定行和列数创建一个空的表格对象。

如图 13-18 所示为一个使用 JTable 类的表格示例。该表格放置在一个窗口中,由于数据较多,还设有滚动条。下面具体介绍如何通过 JTable 类实现该示例。

下面先介绍通过二维数组和列名实现表格。通过这种方式创建表格不需要模型,实现起来比较简单,但是表格只能接收二维数组作为数据。

示例代码如下:

```
//MyFrame.java 文件
package exercise13_7;
//13.7 复杂组件:表格

import javax.swing. * ;
import java.awt. * ;

public class MyFrame extends JFrame {

    // 获得当前计算机屏幕的宽和高
    private double screenWidth
        = Toolkit.getDefaultToolkit().getScreenSize().getWidth();        ①
```

| 书籍编号 | 书籍名称 | 作者 | 出版社 | 出版日期 | 库存数量 |
|---|---|---|---|---|---|
| 0036 | 高等数学 | 李放 | 人民邮电出版社 | 20000812 | 1 |
| 0004 | FLASH精选 | 刘扬 | 中国纺织出版社 | 19990312 | 2 |
| 0026 | 软件工程 | 牛田 | 经济科学出版社 | 20000328 | 4 |
| 0015 | 人工智能 | 周末 | 机械工业出版社 | 19991223 | 3 |
| 0037 | 南方周末 | 邓光明 | 南方出版社 | 20000923 | 3 |
| 0008 | 新概念3 | 余智 | 外语教学与研究出版社 | 19990723 | 2 |
| 0019 | 通信与网络 | 欧阳杰 | 机械工业出版社 | 20000517 | 1 |
| 0014 | 期货分析 | 孙宝 | 飞鸟出版社 | 19991122 | 3 |
| 0023 | 经济概论 | 思佳 | 北京大学出版社 | 20000819 | 3 |
| 0017 | 计算机理论基础 | 戴家 | 机械工业出版社 | 20000218 | 4 |
| 0002 | 汇编语言 | 李利光 | 北京大学出版社 | 19980318 | 2 |
| 0033 | 模拟电路 | 邓英才 | 电子工业出版社 | 20000527 | 2 |
| 0011 | 南方旅游 | 王爱国 | 南方出版社 | 19990930 | 2 |
| 0039 | 黑幕 | 李仪 | 华光出版社 | 20000508 | 24 |

图 13-18　使用 JTable 类的表格

```java
private double screenHeight
        = Toolkit.getDefaultToolkit().getScreenSize().getHeight();        ②
// 声明表格成员变量
private JTable table;


public MyFrame(String title) {
    super(title);
    table = new JTable(rowData, columnNames);                             ③
    // 设置表中内容的字体
    table.setFont(new Font("微软雅黑", Font.PLAIN, 13));
    // 设置表列标题字体
    table.getTableHeader().setFont(new Font("微软雅黑", Font.BOLD, 13));
    // 设置表的行高
    table.setRowHeight(30);
    // 设置为单行选中模式
    table.setSelectionMode(javax.swing.ListSelectionModel.SINGLE_SELECTION);
    // 返回表格选择器
    ListSelectionModel selectionModel = table.getSelectionModel();        ④
    // 注册监听器,选中行发生更改时触发
    selectionModel.addListSelectionListener(e -> {
        // 鼠标按下
        if (e.getValueIsAdjusting()) {
            // 从事件源中获得表格选择器
            ListSelectionModel lsm = (ListSelectionModel) e.getSource();
```

```
                    if (lsm.isSelectionEmpty()) {
                        System.out.println("没有选中行");
                    } else {
                        int selectedRow = lsm.getMinSelectionIndex();
                        System.out.println("第" + selectedRow + "行被选中");
                    }
                }
            });

            // 滚动条面板
            JScrollPane scrollPane = new JScrollPane();
            scrollPane.setViewportView(table);                          ⑤
            add(scrollPane, BorderLayout.CENTER);

            // 设置窗口大小
            setSize(960, 640);
            // 计算位于屏幕中心的窗口的坐标
            int x = (int) (screenWidth - 960) / 2;
            int y = (int) (screenHeight - 640) / 2;
            // 设置窗口位于屏幕中心
            setLocation(x, y);
            // 设置窗口可见
            setVisible(true);
        }

        // 表格列标题
        String[] columnNames = { "书籍编号", "书籍名称", "作者", "出版社",
                                 "出版日期", "库存数量" };
        // 表格数据
        Object[][] rowData = { { "0036", "高等数学", "李放", "人民邮电出版社", "20000812", 1 },
                { "0004", "FLASH 精选", "刘扬", "中国纺织出版社", "19990312", 2 },
                { "0026", "软件工程", "牛田", "经济科学出版社", "20000328", 4 },
                { "0015", "人工智能", "周末", "机械工业出版社", "19991223", 3 },
                { "0037", "南方周末", "邓光明", "南方出版社", "20000923", 3 },
                …
                { "0032", "SOL 使用手册", "贺民", "电子工业出版社", "19990425", 2 } };

}
```

上述代码第①行和第②行获得当前计算机屏幕的宽和高,通过屏幕宽和高可以计算出当前窗口相对于屏幕居中时的坐标。

代码第③行采用二维数组和字符串一维数组创建 JTable 表格对象。

代码第④行返回表格选择器,通过表格选择器可以处理表格行选择事件。

代码第⑤行的 scrollPane.setViewportView(table)语句将表格放到滚动条面板。滚动条面板是非常特殊的面板,它管理一个视口或窗口,若内容超出视口则会出现滚动条。通过setViewportView()方法可以设置一个容器或组件作为滚动面板的视口。

## 13.8 动手练一练

**选择题**

（1）下列哪些接口在 Java 中没有定义相对应的 Adapter 类？（　　　）

    A．MouseListener            B．KeyListener

    C．ActionListener           D．ItemListener

    E．WindowListener

（2）下列选项中哪些是 Java 布局管理器类？（　　　）

    A．FlowLayout             B．BorderLayout

    C．GridLayout            D．AbstractLayout

（3）下列哪些 Java 组件为容器组件？（　　　）

    A．下拉列表框            B．列表框

    C．面板                 D．按钮

（4）容器被重新设置大小后，哪种布局管理器的容器中的组件大小不随容器大小的变化而变化？（　　　）

    A．绝对布局管理器        B．FlowLayout

    C．BorderLayout         D．GridLayout

# 第 14 章

# 多线程开发

现在的计算机(包括智能手机)都是多任务的,多任务的实现有很多手段,其中多线程程序是最基础的技术。对于初学者而言,多线程开发还是有一定难度的,本章介绍多线程开发。

## 14.1 进程与线程

在多任务系统中,往往会遇到两个概念:进程和线程,并清楚二者的区别是非常重要的。

### 14.1.1 进程

一般可以在同一时间内执行多个程序的操作系统都有进程的概念。一个进程就是一个执行中的程序,而每个进程都有独立的内存空间和一组系统资源。每个进程的内部数据和状态都是完全独立的。在 Windows 操作系统中,一个进程就是一个 EXE 或 DLL 程序,它们相互独立,也可以相互通信。

在 Windows 操作系统中可以通过按 Ctrl + Alt + Del 组合键查看进程,在 UNIX 和 Linux 操作系统中是通过 ps 命令查看进程的。打开 Windows 当前运行的进程,如图 14-1 所示。

### 14.1.2 线程

与进程相似,线程是完成某个特定功能的一段代码,是程序中单个顺序控制的流程,但与进程不同的是,同类的多个线程共享一块内存空间和一组系统资源。所以系统在各个线程之间切换时,开销要比进程小得多,正因如此,线程被称为轻量级进程。一个进程中可以包含多个线程。

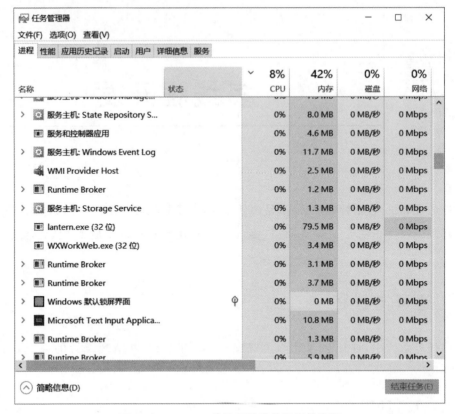

图 14-1　Windows 操作系统当前运行的进程

## 14.2　创建线程

Java 中的线程类是 Thread，如图 14-2 所示，Thread 类实现了 Runnable 接口，Thread 类和 Runnable 接口都是 Java 标准版提供的基础类。线程要执行的程序代码是在 run()方法中编写的，run()方法是线程执行的入口，run()方法称为线程体。

创建线程对象有两种方法。

（1）继承 Thread 类，重写 run()方法。

（2）Runnable 接口，实现 run()方法。

### 14.2.1　继承 Thread 类

如图 14-2 所示，MyThread 线程类继承自 Thread 类，需重写 run()方法。

通过继承 Thread 类实现自定义线程类 MyThread，代码如下：

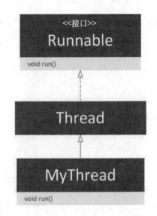

图 14-2　线程类图

微课视频

```java
package exercise14_2_1;

//14.2.1 继承 Thread 类

class MyThread extends Thread {                                          ①
    // 空构造方法
    public MyThread() {
        super();
    }

    // 提供线程名的构造方法
    public MyThread(String name) {
        super(name);
    }

    // 线程体,编写执行线程的代码
    @Override
    public void run() {                                                 ②

        String ThreadName = Thread.currentThread().getName();
        System.out.printf("%s 线程执行中...%n", ThreadName);
        // TODO
        System.out.printf("%s 线程执行结束。%n", ThreadName);
    }
}

public class Main {

    public static void main(String args[]) {

        // 创建线程对象
        MyThread thread = new MyThread("My Thread");                    ③
        // 启动线程
        thread.start();                                                 ④
    }
}
```

上述代码第①行声明 MyThread 类,该类继承了 Thread 类。

代码第②行重写 run()方法,该方法是线程的关键。

代码第③行创建 MyThread 线程对象,这时会新建一个线程,线程处于新建状态,还没有运行。

代码第④行调用线程的 start()方法启动线程,但此时的线程并不一定马上运行,而是需要等待 CPU 调度,直到满足条件才能调用线程的 run()方法执行线程代码。

输出结果如下:

```
My Thread 线程执行中...
My Thread 线程执行结束。
```

微课视频

## 14.2.2 实现 Runnable 接口

实现 Runnable 接口的类所创建的对象，就是线程执行对象。线程执行对象并不是线程，它需要传递给一个线程才能启动。在 Thread 类中有两种构造方法与线程执行对象有关。

（1）Thread(Runnable target,String name)：其中参数 target 是线程执行对象，实现 Runnable 接口；name 为线程名字。

（2）Thread(Runnable target)：其中参数 target 是线程执行对象，实现 Runnable 接口。线程名字是由 JVM 分配的。

实现 Runnable 接口的线程执行对象 Runner 代码如下：

```
package exercise14_2_2;
//14.2.2 实现 Runnable 接口
//线程执行类
class threadRunnerObject implements Runnable {                    ①
    @Override
    // 线程体,编写执行线程的代码
    public void run() {                                          ②
        String ThreadName = Thread.currentThread().getName();
        System.out.printf("%s 线程执行中...%n", ThreadName);
        // TODO
        System.out.printf("%s 线程执行结束。%n", ThreadName);
    }
}

public class Main {

    public static void main(String args[]) {

        // 创建线程执行对象
        Runnable target = new threadRunnerObject();             ③
        // 创建线程对象
        Thread thread = new Thread(target, "My Thread");        ④
        // 启动线程
        thread.start()
    }
}
```

上述代码第①行声明实现 Runnable 接口，这需要覆盖代码第②行的 run()方法，run()方法是线程体，在该方法中编写自己的线程处理代码。

代码第③行创建线程执行对象。

代码第④行创建线程对象，它的第一个参数是线程执行对象，第二个参数是线程名。

输出结果如下：

```
My Thread 线程执行中...
My Thread 线程执行结束。
```

## 14.2.3　使用匿名内部类实现执行对象

如果线程体使用的地方不是很多,可以不单独定义一个类。可以使用匿名内部类实现
Runnable 接口,重新实现 14.2.2 节的示例,代码如下:

```
package exercise14_2_3_1;

public class Main {
    public static void main(String args[]) {
        // 创建线程执行对象
        Runnable target = new Runnable() {            //线程执行类            ①
            @Override
            // 线程体,编写执行线程的代码
            public void run() {
                String ThreadName = Thread.currentThread().getName();
                System.out.printf("%s 线程执行中...%n", ThreadName);
                // TODO
                System.out.printf("%s 线程执行结束。%n", ThreadName);
            }
        };

        // 创建线程对象
        Thread thread = new Thread(target, "My Thread");
        // 启动线程
        thread.start();
    }
}
```

上述代码第①行采用匿名内部类实现 Runnable 接口,重写 run()方法。

上述代码执行结果这里不再赘述。

上述示例代码还可以再优化,创建线程执行对象可以在实例化 Thread 对象时完成。

重新实现上述示例,代码如下:

```
package exercise14_2_3_2;
/// 优化代码
public class Main {
    public static void main(String args[]) {

        // 创建线程对象
        Thread thread = new Thread(new Runnable() {            ①
            @Override
            // 线程体,编写执行线程的代码
            public void run() {
                String ThreadName = Thread.currentThread().getName();
                System.out.printf("%s 线程执行中...%n", ThreadName);
                // TODO
                System.out.printf("%s 线程执行结束。%n", ThreadName);
            }
        }, "My Thread");
```

```
        // 启动线程
        thread.start();
    }
}
```

上述优化后的代码第①行创建 Thread 对象时，在构造方法中直接实例化了匿名内部类。

这里使用的是 Thread(Runnable target)构造方法，以下代码部分是匿名内部类。

```
new Thread(new Runnable() {
...
}
```

内部类还可以通过 Lambda 表达式替代。

重新实现本节第一段示例代码如下：

```
package exercise14_2_3_3;
/// 再次优化
public class Main {
    public static void main(String args[]) {

        // 创建线程对象
        // 线程体,编写执行线程的代码
        Thread thread = new Thread(() -> {                              ①
            String ThreadName = Thread.currentThread().getName();
            System.out.printf("%s 线程执行中...%n", ThreadName);
            // TODO
            System.out.printf("%s 线程执行结束。%n", ThreadName);
        }, "My Thread");
        // 启动线程
        thread.start();
    }
}
```

上述再次优化的代码第①行在创建 Thread 对象时，通过 Lambda 表达式实例化匿名内部类，以下代码部分是 Lambda 表达式：

```
() -> {
    ...
}
```

微课视频

## 14.3　线程的状态

在不同的生命周期中，线程会有几种状态。如图 14-3 所示的线程有五种状态，下面分别介绍。

### 1. 新建状态

新建状态(new)通过使用 new 关键字等方式创建线程对象，仅创建空的线程对象。

图 14-3　线程状态

**2. 就绪状态**

当主线程调用新建线程的 start()方法后,就进入就绪状态(Runnable)。此时的线程尚未真正开始执行 run()方法,必须等待 CPU 的调度。

**3. 运行状态**

CPU 调度就绪状态的线程,调度后线程进入运行状态(running)。处于运行状态的线程独占 CPU,执行 run()方法。

**4. 阻塞状态**

运行状态的线程可能会进入不可运行状态,即阻塞状态(blocked)。处于阻塞状态的线程 JVM 不能执行,即使 CPU 空闲,也不能执行该线程。以下几个原因会导致线程进入阻塞状态:

(1) 当前线程调用 sleep()方法,进入休眠状态。

(2) 被其他线程调用了 join()方法,等待其他线程结束。

(3) 发出 I/O 请求,等待 I/O 操作完成期间。

(4) 当前线程调用 wait()方法。

如休眠结束、其他线程加入、I/O 操作完成、调用 notify 或 notifyAll 唤醒 wait 线程,则处于阻塞状态的线程可以重新回到就绪状态。

**5. 死亡状态**

线程退出 run()方法后,就会进入死亡状态(dead),可能是正常执行完成 run()方法后进入,也可能是由于发生异常而进入。

## 14.4　线程管理

线程管理是学习线程的难点。

### 14.4.1　线程休眠

微课视频

假设一台计算机仅有一颗 CPU,在某个时刻只能有一个线程在运行,只有让当前线程休眠,其他线程才有机会运行。线程休眠是通过 sleep()方法实现的,该方法有两个版本。

(1) static void sleep(long millis):在指定的毫秒数内让当前正在执行的线程休眠。

(2) static void sleep(long millis,int nanos):在指定的毫秒数加指定的纳秒数内让当

前正在执行的线程休眠。

线程休眠的示例代码如下：

```java
package exercise14_4_1;

public class Main {
    public static void main(String args[]) {

        // 创建线程对象
        Thread t1 = new Thread(() -> {                                          ①
            String ThreadName = Thread.currentThread().getName();
            // 调用 go()方法处理任务
            go();                                                               ②
            System.out.printf("%s 线程执行结束。%n", ThreadName);
        }, "My Thread1");
        // 启动线程
        t1.start();
        // 创建线程对象
        Thread t2 = new Thread(() -> {                                          ③
            String ThreadName = Thread.currentThread().getName();
            // 调用 go()方法处理任务
            go();
            System.out.printf("%s 线程执行结束。%n", ThreadName);
        }, "My Thread2");
        // 启动线程
        t2.start();
    }

    // 线程处理方法
    private static void go() {                                                  ④
        String ThreadName = Thread.currentThread().getName();

        for (int i = 0; i < 5; i++) {                                           ⑤
            System.out.printf("%s 线程执行中...%n", ThreadName);
            try {
                // 线程休眠 1000ms
                Thread.sleep(1000);                                             ⑥
            } catch (InterruptedException e) {
                throw new RuntimeException(e);
            }

        }
    }
}
```

上述代码创建了两个线程对象 t1 和 t2，见代码第①行和第③行；在线程体中调用 go()方法执行线程任务处理，见代码第②行。

代码第④行是声明的 go()方法，在该方法中循环了五次，每次循环时休眠 1000ms，见代码第⑥行。

输出结果如下：

My Thread1 线程执行中…
My Thread2 线程执行中…
My Thread2 线程执行中…
My Thread1 线程执行中…
My Thread2 线程执行中…
My Thread1 线程执行中…
My Thread2 线程执行中…
My Thread1 线程执行中…
My Thread2 线程执行中…
My Thread1 线程执行中…
My Thread2 线程执行结束。
My Thread1 线程执行结束。

## 14.4.2　等待线程结束

微课视频

有时一个线程需要等待另外一个线程结束后再执行，这可以通过 join()方法实现。假设 t1 线程要等待 t2 线程结束，则可以在 t1 中调用 t2. join()方法，这样一来，t1 线程被阻塞，等待 t2 线程结束，如果 t2 线程结束或等待超时，则 t1 线程回到就绪状态：

Thread 类提供了多个版本的 join()方法，其定义分别如下。

（1）void join()：等待该线程结束。

（2）void join(long millis)：等待该线程结束的时间最长为 millis 毫秒。如果超时为 0，则意味着要一直等下去。

（3）void join(long millis, int nanos)：等待该线程结束的时间最长为 millis 毫秒加 nanos 纳秒。

使用 join()方法示例代码如下：

```
package exercise14_4_2;

public class Main {

    // 共享变量
    static int value = 100;                                     ①

    public static void main(String args[]) throws InterruptedException {
        System.out.println("主线程 开始…");

        // 创建线程对象
        Thread t1 = new Thread(() -> {
            String ThreadName = Thread.currentThread().getName();
            for (int i = 0; i < 5; i++) {
                System.out.printf("%s 线程执行中…%n", ThreadName);
                try {
                    // 修改共享变量 value
                    value++;
                    // 线程休眠 1000ms
```

```
                    Thread. sleep(1000);                                    ②
              } catch (InterruptedException e) {
                  throw new RuntimeException(e);
              }
              System. out. printf(" % s 线程执行结束。% n", ThreadName);
          }

      }, "My Thread1");
      // 启动线程
      t1. start();

      // 主线程被阻塞,等待 t1 线程结束
      System. out. println("主线程被阻塞,等待 t1 线程结束...");
      t1. join();                                                          ③
      System. out. println("value = " + value);         // 打印共享变量    ④
      System. out. println("主线程 继续执行...");
   }
}
```

上述代码第①行声明了一个共享变量 value,它会在子线程 t1 中被修改,见代码第②行。

代码第③行在主线程(当前运行的线程)中访问 value 变量,这样一来主线程就会依赖 t1 线程结束,所以在代码第③行通过在主线程中调用 t1. join()方法等待 t1 线程结束。

输出结果如下：

```
My Thread1 线程执行中...
My Thread2 线程执行中...
My Thread2 线程执行中...
My Thread1 线程执行中...
My Thread2 线程执行中...
My Thread1 线程执行中...
My Thread2 线程执行中...
My Thread1 线程执行中...
My Thread2 线程执行中...
My Thread1 线程执行中...
My Thread2 线程执行结束。
My Thread1 线程执行结束。
```

💡提示：Java 程序运行时至少会有一个线程,这就是主线程。程序启动后由 JVM 创建主线程,程序结束时由 JVM 停止主线程。

## 14.5　线程同步

在多线程环境下,多个线程访问同一个资源,有可能会引发线程不安全问题。本节讨论引发这些问题的根源和解决方法。

## 14.5.1　线程不安全问题

多个线程同时运行,有时线程之间需要共享数据,否则就不能保证程序运行结果的正确性。

示例代码如下:

```java
package exercise14_5_1;

// 幂运算类
class Power {
    void printPower(int n) {              // 该方法不是同步的                  ①
        int temp = 1;                      // 声明一个临时变量,保存计算的幂,初始值是 1
        for (int i = 1; i <= 5; i++) {
            String ThreadName = Thread.currentThread().getName();
            // 保存本次计算的幂
            temp = n * temp;
            System.out.printf("%s:- %d^ %d value: %d%n", ThreadName, n, i, temp);
            try {
                Thread.sleep(500);
            } catch (Exception e) {
                System.out.println(e);
            }
        }
    }
}
// 线程类 1
class Thread1 extends Thread {
    Power p;

    Thread1(Power p) {
        this.p = p;
    }
    // Thread1 的线程体
    public void run() {
        // 对 5 进行幂运算
        p.printPower(5);
    }
}

// 线程类 2
class Thread2 extends Thread {
    Power p;

    Thread2(Power p) {
        this.p = p;
    }
    // Thread2 的线程体
    public void run() {
```

```
                    // 对 8 进行幂运算
                    p.printPower(8);
            }
        }

    public class Main {
        public static void main(String args[]) {
            Power obj = new Power();          // 只有一个 Power 对象
            Thread1 p1 = new Thread1(obj); // 创建 Thread1 线程对象
            Thread2 p2 = new Thread2(obj); // 创建 Thread2 线程对象
            p1.start();
            p2.start();
        }
    }
```

上述代码创建了两个线程，每个线程都能接收 Power 对象，由于两个线程访问同一个 Power 对象，故会发生资源的竞争。

输出结果如下：

```
Thread-0:- 5^1 value: 5
Thread-1:- 8^1 value: 8
Thread-0:- 5^2 value: 25
Thread-1:- 8^2 value: 64
Thread-0:- 5^3 value: 125
Thread-1:- 8^3 value: 512
Thread-1:- 8^4 value: 4096
Thread-0:- 5^4 value: 625
Thread-1:- 8^5 value: 32768
Thread-0:- 5^5 value: 3125
```

示例运行结果是混乱的。

为了防止多个线程访问同一资源导致数据不一致，Java 提供了互斥机制，可以为这些资源对象加上一把互斥锁，在任一时刻只能由一个线程访问，即使该线程出现阻塞，该对象的被锁定状态也不会解除，其他线程仍不能访问该对象，这就是线程同步。线程同步是保证线程安全的重要手段，但是线程同步客观上会导致系统性能下降。

可以通过两种方式实现线程同步：①同步方法；②同步代码块。

微课视频

## 14.5.2　同步方法

同步方法是使用 synchronized 关键字修饰方法，方法所在的对象被锁定。修改 14.5.1 节示例代码如下：

```
package exercise14_5_2;
//代码文件 Main_1.java
//14.5.2 同步方法
// 幂运算类
class Power {
```

```
    synchronized void printPower(int n) {      // 同步方法                    ①
        int temp = 1;                          // 声明一个临时变量,保存计算的幂,初始值是1
        for (int i = 1; i <= 5; i++) {
            String ThreadName = Thread.currentThread().getName();
            // 保存本次计算的幂
            temp = n * temp;
            System.out.printf("%s: - %d^%d value: %d%n", ThreadName, n, i, temp);
            try {
                Thread.sleep(500);
            } catch (Exception e) {
                System.out.println(e);
            }
        }
    }
}
// 线程类1
class Thread1 extends Thread {
    Power p;

    Thread1(Power p) {
        this.p = p;
    }
    // Thread1 的线程体
    public void run() {
        // 对5进行幂运算
        p.printPower(5);
    }
}

// 线程类2
class Thread2 extends Thread {
    Power p;

    Thread2(Power p) {
        this.p = p;
    }
    // Thread2 的线程体
    public void run() {
        // 对8进行幂运算
        p.printPower(8);
    }
}

public class Main {
    public static void main(String args[]) {
        Power obj = new Power();            //只有一个 Power 对象
        Thread1 p1 = new Thread1(obj);      // 创建 Thread1 线程对象
        Thread2 p2 = new Thread2(obj);      // 创建 Thread2 线程对象
        p1.start();
        p2.start();
```

```
    }
}
```

上述代码第①行中，synchronized 声明的 printPower()方法是同步方法。

输出结果如下：

```
Thread - 0: - 5^1 value: 5
Thread - 0: - 5^2 value: 25
Thread - 0: - 5^3 value: 125
Thread - 0: - 5^4 value: 625
Thread - 0: - 5^5 value: 3125
Thread - 1: - 8^1 value: 8
Thread - 1: - 8^2 value: 64
Thread - 1: - 8^3 value: 512
Thread - 1: - 8^4 value: 4096
Thread - 1: - 8^5 value: 32768
```

从运行结果可见，程序先进行 5 的幂运算，然后再进行 8 的幂运算。

### 14.5.3　同步代码块

微课视频

同步代码块是通过 synchronized 语句实现的，重构 14.5.1 节示例代码如下：

```
package exercise14_5_3;

//代码文件 Main_1.java
//14.5.3 同步代码块
// 幂运算类
class Power {
    void printPower(int n) {
        synchronized (this) {              // 同步代码块                        ①
            int temp = 1;                  // 声明一个临时变量,保存计算的幂,初始值是 1
            for (int i = 1; i <= 5; i++) {
                String ThreadName = Thread.currentThread().getName();
                // 保存本次计算的幂
                temp = n * temp;
                System.out.printf(" % s: -  % d^ % d value: % d % n", ThreadName, n, i, temp);
                try {
                    Thread.sleep(500);
                } catch (Exception e) {
                    System.out.println(e);
                }
            }
        }
    }
}

//线程类 1
class Thread1 extends Thread {
```

```
    Power p;

    Thread1(Power p) {
        this.p = p;
    }

    // Thread1 的线程体
    public void run() {
        //对 5 进行幂运算
        p.printPower(5);
    }
}

//线程类 2
class Thread2 extends Thread {
    Power p;

    Thread2(Power p) {
        this.p = p;
    }

    // Thread2 的线程体
    public void run() {
        //对 8 进行幂运算
        p.printPower(8);
    }
}

public class Main {
    public static void main(String args[]) {
        Power obj = new Power();          // 只有一个 Power 对象
        Thread1 p1 = new Thread1(obj);    // 创建 Thread1 线程对象
        Thread2 p2 = new Thread2(obj);    // 创建 Thread2 线程对象
        p1.start();
        p2.start();
    }
}
```

上述代码第①行为 synchronized 代码块，其中参数是要锁定的对象。

输出结果如下：

```
Thread-0:- 5^1 value: 5
Thread-0:- 5^2 value: 25
Thread-0:- 5^3 value: 125
Thread-0:- 5^4 value: 625
Thread-0:- 5^5 value: 3125
Thread-1:- 8^1 value: 8
Thread-1:- 8^2 value: 64
Thread-1:- 8^3 value: 512
```

```
Thread-1:- 8^4 value: 4096
Thread-1:- 8^5 value: 32768
```

## 14.6 动手练一练

**选择题**

（1）下面哪种方法可以使线程放弃 CPU 使用权？（    ）

    A．sleep()         B．wait()         C．notifyAll()    D．yield()

（2）下列哪个选项可用于创建一个可运行的类？（    ）

    A．public class X implements Runnable{public void run(){……} }

    B．public class X implements Thread{public void run(){……} }

    C．public class X implements Thread{public int run(){……} }

    D．public class X implements Runnable{protected void run(){……} }

（3）运行下列程序，会产生什么结果？（    ）

```java
public class X extends Thread implements Runnable {
    public void run() {
        System.out.println("this is run()");
    }

    public static void main(String args[]) {
        Thread t = new Thread(new X());
        t.start();
    }
}
```

    A．第一行会产生编译错误         B．第六行会产生编译错误

    C．第六行会产生运行错误         D．程序会运行和启动

（4）下列哪个关键字可以为对象加互斥锁？（    ）

    A．transient        B．synchronized    C．serialize    D．static

# 第 15 章

# 网 络 编 程

网络编程是非常重要的技术。Java 有丰富的网络编程类,本章介绍 Java 网络编程相关知识。

## 15.1　网络基础

网络编程需要程序员掌握一些基础的网络知识,本节先介绍一些网络基础知识。

### 15.1.1　TCP/IP

网络通信会用到协议,其中 TCP/IP 是非常重要的。TCP/IP 是由 IP 和 TCP 两个协议构成的。IP(Internet Protocol,互联网协议)是一种低级的路由协议,它将数据拆分到许多小的数据包中,并通过网络将它们发送到特定地址,但无法保证所有包都抵达目的地,也不能保证包的顺序。由于 IP 传输数据的不安全性,网络通信时还需要 TCP。TCP(Transmission Control Protocol,传输控制协议)是一种高层次的协议,是面向连接的可靠数据传输协议,如果有些数据包没有发送成功,发送者将重发,会对数据包内容的准确性进行检查,并保证数据包顺序,所以该协议可保证数据包安全地按照发送顺序送达目的地。

### 15.1.2　IP 地址

为实现网络中不同计算机之间的通信,每台计算机都必须有一个与众不同的标识,这就是 IP 地址,TCP/IP 使用 IP 地址标识源地址和目的地址。最初所有的 IP 地址都是 32 位的数字,由四个 8 位的二进制数组成,每 8 位之间用圆点隔开,如 192.168.1.1,这种类型的地址通过 IPv4 指定。而现在有一种新的地址模式,称为 IPv6,IPv6 使用 128 位数字表示一个地址,分为八个 16 位的二进制数。尽管 IPv6 比 IPv4 有很多优势,但是由于习惯的问题,很多设备还是采用 IPv4。Python 语言同时支持 IPv4 和 IPv6。

在 IPv4 地址模式中,IP 地址分为 A、B、C、D 和 E 五类。

(1) A 类地址用于大型网络,地址范围为 1.0.0.1～126.155.255.254。

(2) B 类地址用于中型网络,地址范围为 128.0.0.1～191.255.255.254。

（3）C 类地址用于小规模网络，地址范围为 192.0.0.1～223.255.255.254。

（4）D 类地址用于多目的地信息的传输和备用。

（5）E 类地址保留，仅做实验和开发用。

另外，有时还会用到一个特殊的 IP 地址 127.0.0.1，称为回送地址，指本机。127.0.0.1 主要用于网络软件测试及本机进程间的通信，使用回送地址发送数据，不进行任何网络传输。

### 15.1.3　HTTP/HTTPS

互联网访问大多都基于 HTTP/HTTPS。

#### 1. HTTP

HTTP 是 Hypertext Transfer Protocol 的缩写，即超文本传输协议。HTTP 属于应用层的面向对象的协议，其简捷、快速的方式适用于分布式超文本信息的传输。它于 1990 年提出，经过多年的使用与发展，得到不断完善和扩展。HTTP 支持 C/S 网络结构，是无连接协议，即每次请求时建立连接，服务器处理完客户端的请求后，都会应答给客户端然后断开连接，不会一直占用网络资源。

HTTP/1.1 共定义了八种请求方法：OPTIONS、HEAD、GET、POST、PUT、DELETE、TRACE 和 CONNECT。在 HTTP 访问中，一般使用 GET 和 POST 方法。

（1）GET 方法：向指定的资源发出请求，发送的信息“显式”地跟在 URL 后面。GET 方法只用于读取数据，如读取静态图片等。GET 方法有点像使用明信片给别人写信，“信内容”写在外面，接触到的人都可以看到，因此是不安全的。

（2）POST 方法：向指定资源提交数据，请求服务器进行处理，例如提交表单或上传文件等。数据被包含在请求体中。POST 方法像是把“信内容”装入信封，未拆封前接触到的人都看不到信内容，因此是安全的。

#### 2. HTTPS

HTTPS 是 Hypertext Transfer Protocol Secure 的缩写，即超文本传输安全协议，是 HTTP 和 SSL 的组合，用于提供加密通信及对网络服务器身份进行鉴定。

简单地说，HTTPS 是 HTTP 的升级版。HTTPS 与 HTTP 的区别在于，HTTPS 使用 https://代替 http://；HTTPS 使用端口 443 与 TCP/IP 进行通信，而 HTTP 使用端口 80。SSL 使用 40 位关键字作为 RC4 流加密算法，这对于商业信息的加密是合适的。HTTPS 和 SSL 支持使用 X.509 数字认证，如有需要，用户可以确认发送者身份。

### 15.1.4　端口

一个 IP 地址标识一台计算机，每一台计算机又有很多网络通信程序在运行，提供网络服务或进行通信，这就需要不同的端口。如果把 IP 地址比作电话号码，那么端口就是分机号码，进行网络通信时不仅要指定 IP 地址，还要指定端口号。

TCP/IP 系统中的端口号是一串 16 位的数字，它的范围是 0～65535。小于 1024 的端口号保留给预定义的服务,如 HTTP 的端口号是 80,FTP 的端口号是 21,Telnet 的端口号是 23,E-mail 的端口号是 25 等,除非要和那些服务进行通信,否则不应该使用小于 1024 的端口。

## 15.1.5　URL 概念

互联网资源是通过 URL(Uniform Resource Locator,统一资源定位器)访问的,URL 组成格式如下:

协议名://资源名

其中,"协议名"为获取资源所使用的传输协议,如 HTTP、FTP、GOPHER 和 FILE 等;"资源名"则是资源的完整地址,包括主机名、端口号、文件名或文件内部的一个引用。例如:

```
https://www.google.com/
http://www.pythonpoint.com/network.html
http://www.zhijieketang.com:8800/Gamelan/network.html#BOTTOM
```

# 15.2　Java 访问互联网资源相关类

Java 的 java.net 包中提供了访问互联网资源的相关类,如 URL 和 HttpURLConnection 类等。

## 15.2.1　URL 类

通过 URL 类访问互联网资源时采用的是 HTTP/HTTPS,请求方法是 GET 方法,一般是请求静态的、少量的服务器端数据。由于使用 URL 类进行网络编程不需要对协议本身有太多的了解,相对而言是比较简单的。

URL 类的常用构造方法如下:

(1) URL(String spec):根据字符串表示形式创建 URL 对象。

(2) URL(String protocol,String host,String file):根据指定的协议名(protocol)、主机名(host)和文件名(file)创建 URL 对象。

(3) URL(String protocol, String host, int port, String file):根据指定的协议名(protocol)、主机名(host)、端口号(String)和文件名(file)创建 URL 对象。

URL 类常用方法如下:

(1) InputStream openStream():打开到此 URL 的连接,并返回一个输入流。

(2) URLConnection openConnection():打开到此 URL 的新连接,返回一个 URLConnection 对象。

使用 URL 类访问网络资源示例代码如下:

```
package exercise15_2_1;
```

```java
import java.io.*;
import java.net.MalformedURLException;
import java.net.URL;

//15.2.1 URL 类
public class Main {
    // 声明 URL 网址
    static String strURL = "http://bang.dangdang.com/books/bestsellers";

    public static void main(String args[]) {

        URL reqURL;
        // 捕获 URL 格式错误
        try {
            reqURL = new URL(strURL);                                          ①
        } catch (MalformedURLException e) {
            System.out.println("URL 和格式错误!");
            // 如果发生异常,则程序将结束
            return;
        }
        // 声明 I/O 流变量
        InputStream is = null;
        InputStreamReader isr;
        BufferedReader br;

        try {                                                                  ②
            // 打开网络通信输入流
            is = reqURL.openStream();
            // 指定字符集 GBK 把字节流转换为字符流
            isr = new InputStreamReader(is, "gbk");
            // 创建缓冲输入流对象
            br = new BufferedReader(isr);
            StringBuilder sb = new StringBuilder();
            // 首次读取一行数据
            String line = br.readLine();
            while (line != null) {                   // 判断数据是否已经到达流的尾部
                sb.append(line).append('\n');        // 追加一个换行符
                // 打印数据
                System.out.println(sb);
                // 再次读取一行数据
                line = br.readLine();
            }
        } catch (Exception e) {
            e.printStackTrace();
        }
        finally {
            try {
                is.close();
            } catch (IOException e) {
                e.printStackTrace();
```

```
            }
        }
    }
}
```

上述代码第①行捕获创建 URL 对象异常,它的构造方法有可能会发生异常,原因往往是提供的 URL 字符串不是一个有效的 URL 网址。

代码第②行捕获各种 I/O 流异常。

示例运行控制台输出结果如下:

```
…
    < div style = "float:right">
      < div class = "ddnewhead_welcome" display = "none;" style = "float:left">
        < span id = "nickname">< span class = "hi hi_none">欢迎光临当当,请</span>< a
…
```

## 15.2.2 HttpURLConnection 类

URL 类只能发送 HTTP/HTTPS 的 GET 方法请求,要想发送其他请求或者对网络请求有更深入的控制,可以使用 HttpURLConnection 类。

修改 15.2.1 节示例,使用 GET 方法请求返回 HTML 数据的示例代码如下:

```java
package exercise15_2_2;

import java.io. * ;
import java.net.HttpURLConnection;
import java.net.MalformedURLException;
import java.net.URL;

//15.2.2 HttpURLConnection 类
public class Main {
    // 声明 URL 网址
    static String strURL = "http://bang.dangdang.com/books/bestsellers";

    public static void main(String args[]) {

        URL reqURL;
        // 捕获 URL 格式错误
        try {
            reqURL = new URL(strURL);
        } catch (MalformedURLException e) {
            System.out.println("URL 和格式错误!");
            // 如果发生异常,则程序将结束
            return;
        }
        // 声明 I/O 流变量
        InputStream is = null;
        InputStreamReader isr;
```

```
        BufferedReader br;
        // HttpURL 连接变量
        HttpURLConnection conn = null;

        try {
            // 建立 HTTP 连接
            conn = (HttpURLConnection) reqURL.openConnection();          ①
            // 设置 HTTP 请求 GET 方法
            conn.setRequestMethod("GET");                                ②
            // 打开网络通信输入流
            is = reqURL.openStream();
            // 指定字符集 GBK 把字节流转换为字符流
            isr = new InputStreamReader(is, "gbk");
            // 创建缓冲输入流对象
            br = new BufferedReader(isr);
            StringBuilder sb = new StringBuilder();
            // 首次读取一行数据
            String line = br.readLine();
            while (line != null) {               // 判断数据是否已经到达流的尾部
                sb.append(line).append('\n');     // 追加一个换行符
                // 打印数据
                System.out.println(sb);
                // 再次读取一行数据
                line = br.readLine();
            }
        } catch (Exception e) {
            e.printStackTrace();
        } finally {
            try {
                is.close();
            } catch (IOException e) {
                e.printStackTrace();
            }
            // 释放资源
            if (conn != null) {
                // 断开连接
                conn.disconnect();                                       ③
            }
        }
    }
}
```

上述代码第①行与服务器建立连接，返回连接对象。

代码第②行设置 HTTP 方法，这里是设置 GET 方法。

代码第③行在不再使用网络资源情况下断开连接，释放资源。

上述示例运行结果与 15.2.1 节一样，这里不再赘述。

## 15.2.3 案例：下载图片

15.2.1节和15.2.2节示例返回的数据都是 HTML 字符串，除此之外，互联网上可以下载的资源还有图片等二进制数据。本节实现图片下载，示例如下：

```java
package exercise15_2_3;

import java.io.*;
import java.net.MalformedURLException;
import java.net.URL;

//15.2.3 案例：下载图片
public class Main {
    // 声明 URL 网址
    static String strURL = "https://ss0.bdstatic.com/5aV1bjqh_Q23odCf/static/superman/img/logo/bd_logo1_31bdc765.png";

    public static void main(String args[]) {

        URL reqURL;
        // 捕获 URL 格式错误
        try {
            reqURL = new URL(strURL);
        } catch (MalformedURLException e) {
            System.out.println("URL 和格式错误!");
            // 如果发生异常，则程序将结束
            return;
        }
        // 声明 I/O 流变量
        InputStream is = null;
        OutputStream os = null;
        BufferedReader br;

        try {
            // 打开网络通信输入流
            is = reqURL.openStream();

            // 创建文件输出流
            os = new FileOutputStream("./download.png");
            // 准备一个容纳 1024 字节的缓冲区
            byte[] buffer = new byte[1024];
            // 首先读取一次
            int len = is.read(buffer);
            while (len != -1) {
                // 写入数据
                os.write(buffer, 0, len);
                // 再次读取
                len = is.read(buffer);
            }
```

```
            System.out.println("下载完成。");

        } catch (Exception e) {
            e.printStackTrace();
        }
        finally {
            try {
                if (is != null) {
                    is.close();
                }
            } catch (IOException e) {
                e.printStackTrace();
            }
        }
    }
}
```

上述示例从网上读取图片,然后保存到本地,运行结束后会在当前项目的根目录下得到一个 download.png 文件。

## 15.3　案例：我的"备忘录"

15.2 节介绍的示例中向服务器发送的都是 GET 请求,本节介绍一个"备忘录"案例。

### 15.3.1　搭建自己的 Web 服务器

微课视频

由于很多现成的互联网资源不稳定,也没有适合"备忘录"案例的 Web 服务,因此本节介绍如何自己搭建 Web 服务器。

搭建 Web 服务器的步骤如下。

(1) 安装 JDK(Java 开发工具包):本节要安装的 Web 服务器是 Apache Tomcat,它是支持 Java Web 技术的 Web 服务器。Apache Tomcat 的运行需要 Java 运行环境,Java 运行环境由 JDK 提供,因此需要先安装 JDK。具体安装方法参考 1.1.1 节。

(2) 配置 Java 运行环境：Apache Tomcat 在运行时需要用到 JAVA_HOME 环境变量,因此需要先设置 JAVA_HOME 环境变量。具体设置方法参考 1.1.1 节。

(3) 安装 Apache Tomcat 服务器。

读者可以从本章配套代码中找到 Apache Tomcat 安装包 apache-tomcat-9.0.13.zip,只需解压即可安装。

(4) 启动 Apache Tomcat 服务器。

在 Apache Tomcat 解压目录的 bin 目录下找到 startup.bat 文件,如图 15-1 所示,双击 startup.bat 文件即可以启动 Apache Tomcat。

启动 Apache Tomcat 成功后会看到如图 15-2 所示的信息,其中默认端口是 8080。

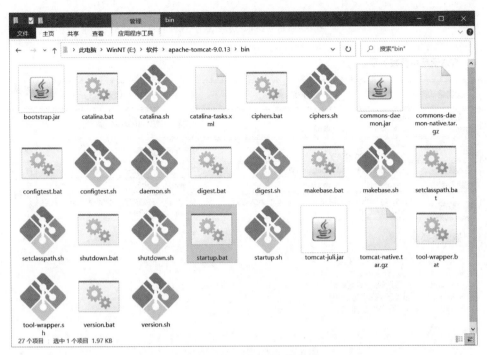

图 15-1　startup.bat 文件

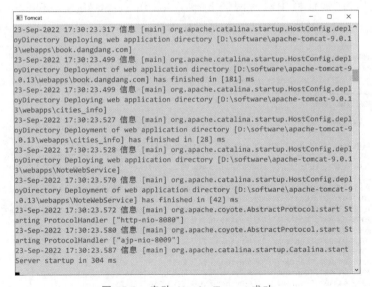

图 15-2　启动 Apache Tomcat 成功

（5）测试 Apache Tomcat 服务器。

打开浏览器，在地址栏中输入网址 http://localhost:8080/NoteWebService/，如图 15-3 所示。在打开的页面中介绍了当前 Web 服务器已安装的 Web 应用（NoteWebService）的具体使用方法。

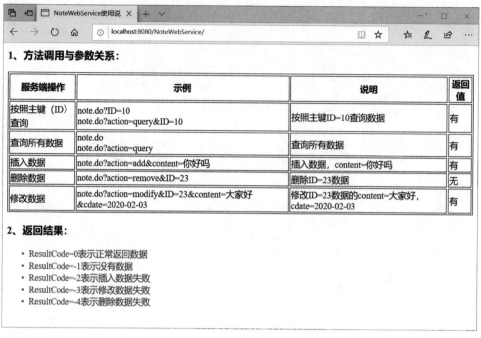

## 1、方法调用与参数关系：

| 服务端操作 | 示例 | 说明 | 返回值 |
|---|---|---|---|
| 按照主键（ID）查询 | note.do?ID=10<br>note.do?action=query&ID=10 | 按照主键ID=10查询数据 | 有 |
| 查询所有数据 | note.do<br>note.do?action=query | 查询所有数据 | 有 |
| 插入数据 | note.do?action=add&content=你好吗 | 插入数据，content=你好吗 | 有 |
| 删除数据 | note.do?action=remove&ID=23 | 删除ID=23数据 | 无 |
| 修改数据 | note.do?action=modify&ID=23&content=大家好<br>&cdate=2020-02-03 | 修改ID=23数据的content=大家好，cdate=2020-02-03 | 有 |

## 2、返回结果：

- ResultCode=0表示正常返回数据
- ResultCode=-1表示没有数据
- ResultCode=-2表示插入数据失败
- ResultCode=-3表示修改数据失败
- ResultCode=-4表示删除数据失败

图 15-3　NoteWebService 页面

打开浏览器，在地址栏中输入网址 http://localhost:8080/NoteWebService/note.do，如图 15-4 所示，在打开的页面中可以查询所有数据。

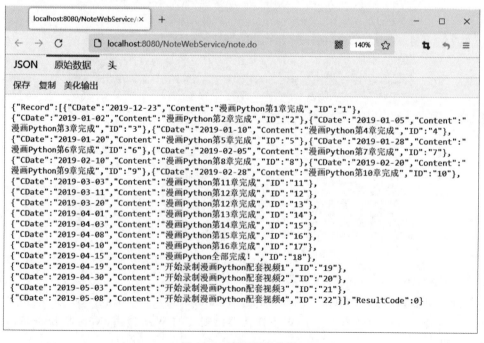

{"Record":[{"CDate":"2019-12-23","Content":"漫画Python第1章完成","ID":"1"},{"CDate":"2019-01-02","Content":"漫画Python第2章完成","ID":"2"},{"CDate":"2019-01-05","Content":"漫画Python第3章完成","ID":"3"},{"CDate":"2019-01-10","Content":"漫画Python第4章完成","ID":"4"},{"CDate":"2019-01-20","Content":"漫画Python第5章完成","ID":"5"},{"CDate":"2019-01-28","Content":"漫画Python第6章完成","ID":"6"},{"CDate":"2019-02-05","Content":"漫画Python第7章完成","ID":"7"},{"CDate":"2019-02-10","Content":"漫画Python第8章完成","ID":"8"},{"CDate":"2019-02-20","Content":"漫画Python第9章完成","ID":"9"},{"CDate":"2019-02-28","Content":"漫画Python第10章完成","ID":"10"},{"CDate":"2019-03-03","Content":"漫画Python第11章完成","ID":"11"},{"CDate":"2019-03-11","Content":"漫画Python第12章完成","ID":"12"},{"CDate":"2019-03-20","Content":"漫画Python第12章完成","ID":"13"},{"CDate":"2019-04-01","Content":"漫画Python第13章完成","ID":"14"},{"CDate":"2019-04-03","Content":"漫画Python第14章完成","ID":"15"},{"CDate":"2019-04-08","Content":"漫画Python第15章完成","ID":"16"},{"CDate":"2019-04-10","Content":"漫画Python第16章完成","ID":"17"},{"CDate":"2019-04-15","Content":"漫画Python全部完成！","ID":"18"},{"CDate":"2019-04-19","Content":"开始录制漫画Python配套视频1","ID":"19"},{"CDate":"2019-04-30","Content":"开始录制漫画Python配套视频2","ID":"20"},{"CDate":"2019-05-03","Content":"开始录制漫画Python配套视频3","ID":"21"},{"CDate":"2019-05-08","Content":"开始录制漫画Python配套视频4","ID":"22"}],"ResultCode":0}

图 15-4　查询所有数据

## 15.3.2　发送 POST 请求数据

微课视频

本节介绍如何通过 POST 方法请求从自己搭建的 Web 服务器返回数据。
示例代码如下：

```java
package exercise15_3_2;

import java.io. * ;
import java.net.HttpURLConnection;
import java.net.MalformedURLException;
import java.net.URL;

//15.3.2 发送 POST 请求数据
public class Main {
    // 声明 URL 网址
    static String strURL = "http://localhost:8080/NoteWebService/note.do";

    public static void main(String args[]) {

        URL reqURL;
        // 捕获 URL 格式错误
        try {
            reqURL = new URL(strURL);
        } catch (MalformedURLException e) {
            System.out.println("URL 格式错误!");
            // 如果发生异常,则程序结束
            return;
        }
        // 声明 I/O 流变量
        InputStream is = null;
        InputStreamReader isr;
        BufferedReader br = null;
        // HttpURL 连接变量
        HttpURLConnection conn = null;

        try {
            // 建立 HTTP 连接
            conn = (HttpURLConnection) reqURL.openConnection();
            // 设置 HTTP 请求 POST 方法
            conn.setRequestMethod("POST");
            // 设置请求过程中可以传递参数给服务器
            conn.setDoOutput(true);
            // 数据包字符串
            String param = String.format("ID = 10&action = query");     ①
            // 设置参数
            DataOutputStream dStream = new DataOutputStream(conn.getOutputStream());
            // 向输出流中写入数据
            dStream.writeBytes(param);
            // 关闭流,并将数据写入服务器端
```

```
                    dStream.close();

                    // 打开网络通信输入流
                    is = conn.getInputStream();
                    // 通过 is 关键字创建 InputStreamReader 对象
                    isr = new InputStreamReader(is, "utf-8");
                    // 通过 isr 关键字创建 BufferedReader 对象
                    br = new BufferedReader(isr);

                    StringBuilder sb = new StringBuilder();
                    String line = br.readLine();
                    while (line != null) {
                        sb.append(line);
                        line = br.readLine();
                    }
                    // 日志输出
                    System.out.println(sb);

                } catch (Exception e) {
                    e.printStackTrace();
                } finally {
                    if (conn != null) {
                        conn.disconnect();
                    }
                    if (br != null) {
                        try {
                            br.close();
                        } catch (IOException e) {
                            e.printStackTrace();
                        }
                    }
                }
            }
        }
    }
```

上述代码通过 POST 方法给服务器发送数据包，这个数据包中有 ID 和 action，见代码第①行。

运行上述示例代码，控制台输出结果如下：

```
{"CDate":"2019-02-28","Content":"漫画 Python 第 10 章完成","ID":"10","ResultCode":0}
```

微课视频

# 15.4  JSON 文档

15.3.2 节从服务器返回的字符串是一种 JSON 数据，JSON（JavaScript Object Notation）是一种轻量级的数据交换格式。所谓轻量级，是与 XML 文档结构相比而言的，轻量级数据交换格式描述项目的字符少，所以描述相同数据所需的字符个数少，传输速度就会提高，产生的流量却会减少。

构成 JSON 文档的结构为对象和数组。对象是无序的"名称-值"对集合,它类似于 Java 中的 Map 类型;而数组是一连串元素的集合。

一个对象以"{"(左大括号)开始,"}"(右大括号)结束。每个"名称"后跟一个":"(冒号),"名称-值"对之间使用","(逗号)分隔。JSON 对象的语法表如图 15-5 所示。

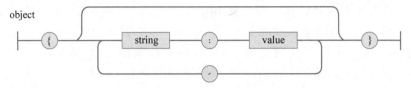

图 15-5　JSON 对象的语法表

下面是一个 JSON 对象的例子。

```
{
    "name":"a.htm",
    "size":345,
    "saved":true
}
```

数组是值的有序集合,以"["(左中括号)开始,"]"(右中括号)结束,值之间使用","(逗号)分隔。JSON 数组的语法表如图 15-6 所示。

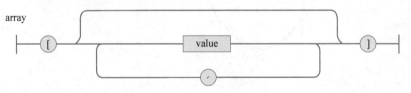

图 15-6　JSON 数组的语法表

下面是一个 JSON 数组的例子。

```
["text","html","css"]
```

在数组中,值可以是双引号括起来的字符串(string)、数值(number)、true、false、null、对象(object)或数组(array),这些结构可以嵌套。数组中的 JSON 值如图 15-7 所示。

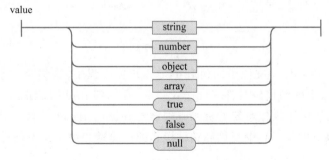

图 15-7　数组中的 JSON 值

### 15.4.1　使用第三方 JSON 库

由于目前 Java 官方没有提供 JSON 编码和解码所需要的类库，所以需要使用第三方 JSON 库，这里推荐 JSON-java 库。JSON-java 库提供源代码，最重要的是，它不依赖于其他第三方库，不需要再找其他库。可以在 https://github.com/stleary/JSON-java 页面下载源代码，也可以访问 API 在线文档 http://stleary.github.io/JSON-java/index.html。

下载 JSON-java 获得源代码文件，解压后的文件如图 15-8 所示，其中源代码文件在...\src\main\java 目录下，...\org\json 目录下的文件是包。

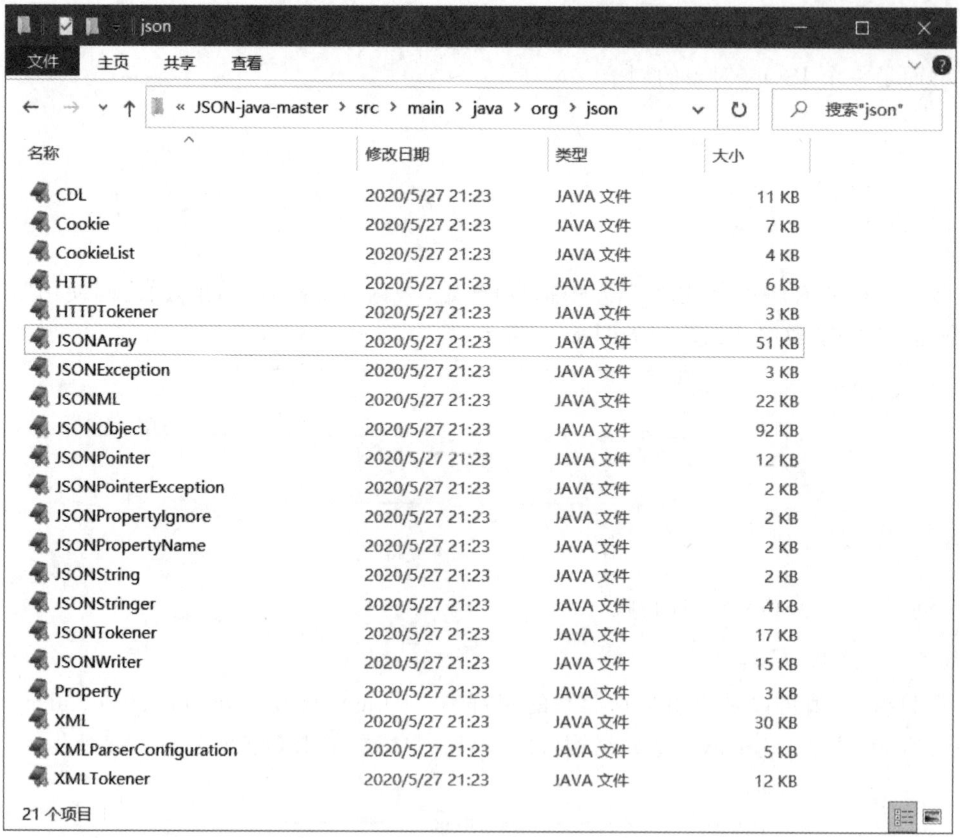

图 15-8　解压文件

将 JSON-java 库源代码文件添加到 IntelliJ IDEA 工程中，步骤为：将 JSON-java 库中 src\main\java 目录下的源代码文件夹（org 文件夹）复制到 IntelliJ IDEA 工程的 src 文件夹中，如图 15-9 所示。由于操作系统的资源管理器与 IntelliJ IDEA 工具之间可以互相复制和粘贴，因此 IntelliJ IDEA 工具中复制和粘贴操作的快捷键和快捷菜单与操作系统中的完全一样。

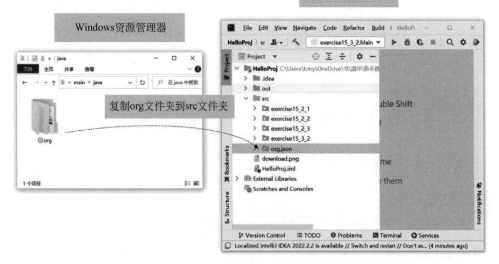

图 15-9　添加 JSON-java 库

## 15.4.2　JSON 数据编码和解码

微课视频

JSON 对象需转换为字符串才能传输和存储,这个转换过程称为编码。接收方需要将接收到的字符串转换为 JSON 对象,这个过程称为解码。编码就像发电报时发送方把语言变成能够传输的符号,而解码就像接收电报时要将符号转换为人类能够看懂的语言。

下面具体介绍 JSON 数据的编码和解码过程。

(1)编码过程示例代码如下:

```
package exercise15_4_2;

import org.json.JSONArray;
import org.json.JSONException;
import org.json.JSONObject;
// JSON 数据编码和解码
public class Main_1 {

    public static void main(String args[]) {
        // {"name": "tony", "age": 30, "a": [1, 3]}
        try {
            JSONObject jsonObject = new JSONObject();   // 创建 JSONObject(JSON 对象)
            jsonObject.put("name", "tony");             // 添加数据项到 jsonObject
            jsonObject.put("age", 30);                  // 添加数据项到 jsonObject

            JSONArray jsonArray = new JSONArray();      // 创建 JSONOArray
            jsonArray.put(1).put(3);                    // 向 JSON 数组中添加1 和 3 两个元素
            jsonObject.put("a", jsonArray);             // 将 JSON 数组添加到 JSON 对象中
```

```
        // 编码完成
        System.out.println(jsonObject.toString()); // 将 JSON 对象转换为字符串

    } catch (JSONException e) {
        e.printStackTrace();
    }
}
}
```

运行上述示例代码，控制台输出结果如下：

`{"a":[1,3],"name":"tony","age":30}`

（2）解码过程示例代码如下：

```
package exercise15_4_2;

import org.json.JSONArray;
import org.json.JSONException;
import org.json.JSONObject;

// JSON 解码过程
public class Main_2 {


    public static void main(String args[]) {
        // {"name":"tony", "age":30, "a":[1, 3]}
        // JSON 字符串
        String jsonString = "{\"name\":\"tony\", \"age\":30, \"a\":[1, 3]}";

        try {
            // 通过 JSON 字符串创建 JSON 对象
            JSONObject jsonObject = new JSONObject(jsonString);
            // 从 JSON 对象中按照名称取出 JSON 中对应的数据
            String name = jsonObject.getString("name");
            System.out.println("name : " + name);
            int age = jsonObject.getInt("age");
            System.out.println("age : " + age);
            // 取出一个 JSON 数组对象
            JSONArray jsonArray = jsonObject.getJSONArray("a");
            // 取出 JSON 数组第一个元素
            int n1 = jsonArray.getInt(0);
            System.out.println("数组 a 第一个元素 : " + n1);
            int n2 = jsonArray.getInt(1);
            System.out.println("数组 a 第二个元素 : " + n2);

        } catch (JSONException e) {
            e.printStackTrace();
        }
    }


}
```

运行上述示例代码,控制台输出结果如下:

```
name : tony
age : 30
数组 a 第一个元素 : 1
数组 a 第二个元素 : 3
```

## 15.5  动手练一练

**编程题**

(1) 请找一个能返回 JSON 数据的 Web 服务接口,并解码 JSON 数据。

(2) 编写代码,将上一题获得的 JSON 数据显示在一个 Swing 的 JTable 组件上。

# 第 16 章

# MySQL 数据库编程

程序访问数据库也是 Java 开发中的重要技术之一。由于 MySQL 数据库应用非常广泛,因此本章介绍如何通过 Java 访问 MySQL 数据库。另外,考虑到部分读者没有 MySQL 基础,本章还将介绍 MySQL 的安装和基本管理。

## 16.1　MySQL 数据库管理系统

MySQL 是流行的开源数据库管理系统,是 Oracle 旗下的数据库产品。目前 Oracle 提供了多个 MySQL 版本,其中 MySQL Community Edition(社区版)是免费的,该版本比较适合中小企业用作数据库。

社区版安装文件下载界面如图 16 1 所示。MySQL 可在 Windows、Linux 和 UNIX 等平台安装和运行,读者可根据自己的情况选择不同平台安装文件。

图 16-1　社区版安装文件下载界面

### 16.1.1 安装 MySQL 8 数据库

笔者计算机的操作系统是 64 位的 Windows 10,笔者下载的离线安装包文件是 mysql-installer-community-8.0.28.0.msi,双击该文件即可安装。

MySQL 8 数据库安装过程如下。

(1) 选择安装类型。

双击安装包文件,将弹出如图 16-2 所示的对话框,在此对话框中可以选择安装类型。如果是为了学习 Python 而使用的数据库,则推荐选择 Server only 选项,即只安装 MySQL 服务器,不安装其他组件。

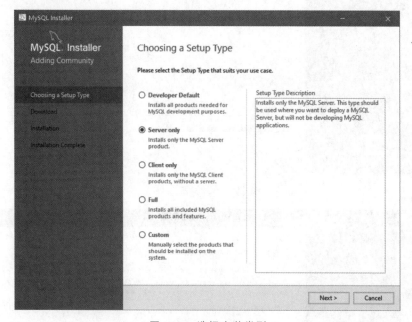

图 16-2 选择安装类型

(2) 安装。

在图 16-2 所示的对话框中单击 Next 按钮,进入如图 16-3 所示的对话框。

然后单击 Execute 按钮,开始执行安装。

(3) 配置。

安装完成后,还需要进行必要的配置,其中有 3 个重要步骤。

① 配置网络通信端口,如图 16-4 所示,默认通信端口是 3306,如果没有端口冲突,建议不修改。

② 设置密码,如图 16-5 所示,设置过程中可以为 root 用户设置密码,也可以添加其他普通用户。

③ 配置 Path 环境变量。

为了使用方便,笔者推荐把 MySQL 安装路径添加到 Path 环境变量中。打开"环境变量"对话框,如图 16-6 所示。

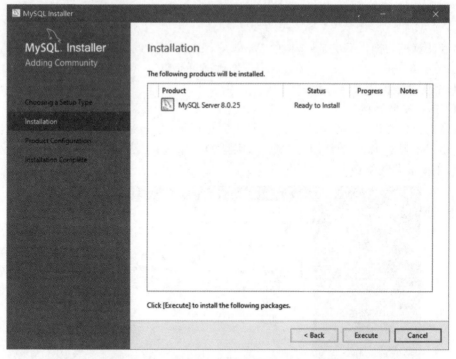

图 16-3　安装对话框

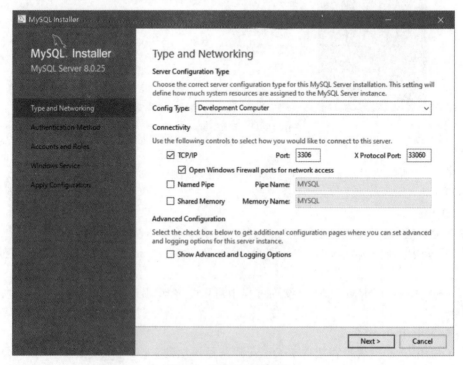

图 16-4　配置网络通信端口

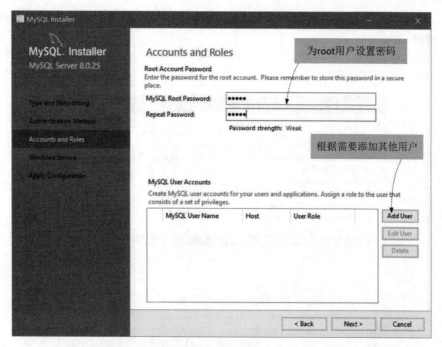

图 16-5 设置密码

图 16-6 "环境变量"对话框

双击 Path 环境变量，将弹出"编辑环境变量"对话框，如图 16-7 所示，在此对话框中可添加 MySQL 安装路径。

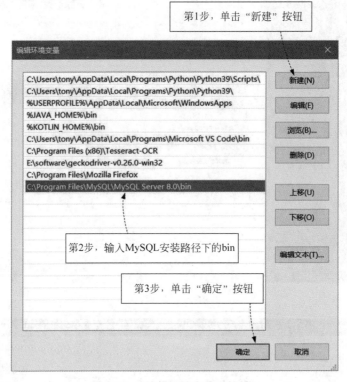

图 16-7 "编辑环境变量"对话框

微课视频

## 16.1.2 客户端登录 MySQL 服务器

MySQL 服务器安装完毕即可使用，使用 MySQL 服务器第一步是通过客户端登录服务器。可以使用命令提示符窗口（macOS 和 Linux 系统的终端窗口）或 GUI（图形用户界面）工具登录 MySQL 数据库，笔者推荐使用命令提示符窗口登录。

使用命令提示符窗口登录服务器的完整命令如下：

```
mysql -h 主机 IP 地址(主机名) -u 用户 -p
```

其中-h、-u、-p 是参数，说明如下。

（1）-h：是要登录的服务器主机名或 IP 地址，可以是远程的服务器主机。注意，-h 后面可以没有空格。如果是本机登录，此项可以省略。

（2）-u：是登录服务器的用户，这个用户必须是数据库中存在的，并具有登录服务器的权限。注意，-u 后面可以没有空格。

（3）-p：是用户对应的密码，可以直接在-p 后面输入密码，也可以按 Enter 键后再输入密码。

如图 16-8 所示是使用 mysql 命令登录本机服务器。

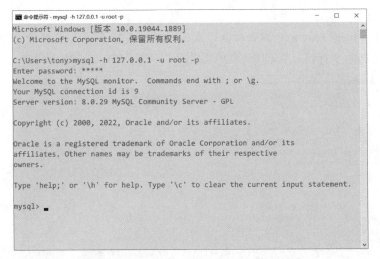

图 16-8　使用 mysql 命令登录本机服务器

## 16.1.3　常见的管理命令

微课视频

通过命令行窗口管理 MySQL 数据库,需要了解一些常用的命令。

### 1. help 命令

第一个应该熟悉的就是 help 命令,help 命令能够列出 MySQL 其他命令的帮助信息。在命令行窗口中输入 help,不需要以分号结尾,直接按 Enter 键即可,如图 16-9 所示。这里都是 MySQL 的管理命令,这些命令大部分不需要以分号结尾。

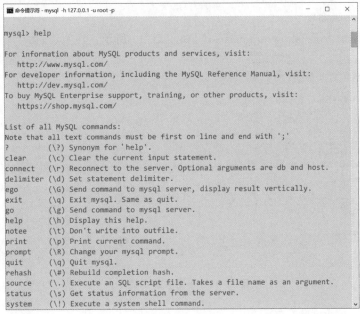

图 16-9　help 命令

## 2. 退出命令

可以使用 quit 或 exit 命令退出命令行窗口，如图 16-10 所示。这两个命令也不需要以分号结尾。通过命令行窗口管理 MySQL 数据库，需要了解一些常用的命令。

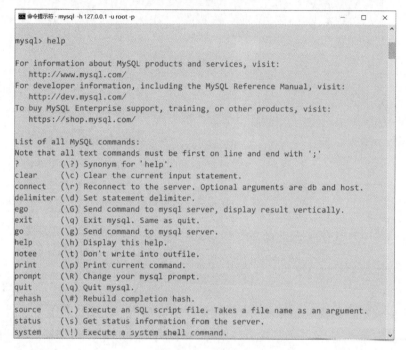

图 16-10　退出命令

## 3. 查看数据库命令

查看数据库命令是"show databases；"，如图 16-11 所示。注意，该命令以分号结尾。

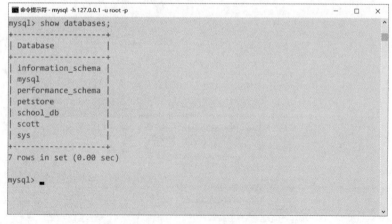

图 16-11　查看数据库命令

### 4．创建数据库命令

创建数据库可以使用"create database testdb;"命令，如图 16-12 所示，其中 testdb 是自定义数据库名。注意，该命令以分号结尾。

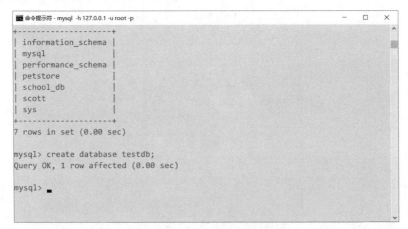

图 16-12　创建数据库命令

### 5．删除数据库命令

删除数据库可以使用"drop database testdb;"命令，如图 16-13 所示，其中 testdb 是数据库名。注意，该命令以分号结尾。

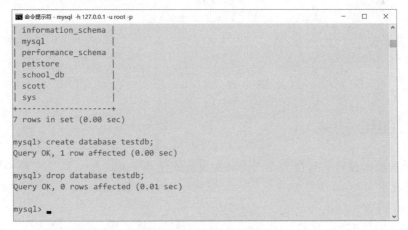

图 16-13　删除数据库命令

### 6．列出数据表命令

列出数据表的命令是"show tables;"，如图 16-14 所示。注意，该命令以分号结尾。一个服务器中有很多数据库时，应该先使用 use 命令选择数据库。

### 7．查看表结构命令

知道了有哪些表后，还需要知道表结构，此时可以使用 desc 命令，如图 16-15 所示。注意，该命令以分号结尾。

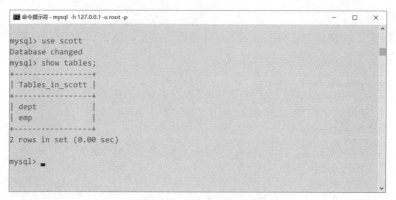

图 16-14　列出数据表命令

图 16-15　执行 desc 命令

微课视频

# 16.2　JDBC 技术

Java 中数据库编程是通过 JDBC 技术实现的。使用 JDBC 技术涉及三种不同的角色，如图 16-16 所示。

（1）Java 官方。

Java 官方提供 JDBC 接口，如 Connection、Statement 和 ResultSet 等。

（2）数据库厂商。

为了支持 Java 语言使用自己的数据库，数据库厂商根据这些接口提供了具体的实现类，称为 JDBC Driver（JDBC 驱动程序）。例如，Connection 是数据库连接接口，如何能够高效地连接数据库或许只有数据库厂商自己清楚，因此他们提供的 JDBC 驱动程序是最高效的。当然，针对某种数据库也可能有其他第三方 JDBC 驱动程序。

（3）开发人员。

对于开发人员而言，JDBC 提供了一致的 API，开发人员不用关心实现接口的细节。

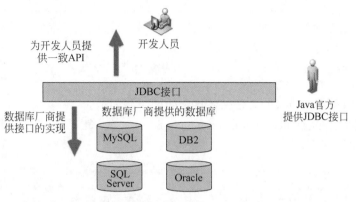

图 16-16　JDBC 技术涉及三种角色

## 16.2.1　JDBC API

JDBC API 由一组 Java 类和接口组成,它为 Java 开发者使用数据库提供了统一的编程接口。这种类和接口来自于 java.sql 和 javax.sql 两个包。

(1) java.sql:这个包中的类和接口主要针对基本的数据库编程服务,如创建连接、执行语句、语句预编译和批处理查询等。同时也针对一些高级的处理,如批处理更新、事务隔离和可滚动结果集等。

(2) javax.sql:它主要为数据库方面的高级操作提供接口和类,并提供分布式事务、连接池和行集等。

## 16.2.2　加载驱动程序

微课视频

在编程实现数据库连接时,JVM 必须先加载特定厂商提供的数据库驱动程序。可以使用 Class.forName()方法实现驱动程序加载过程,该方法在前面介绍过。

不同驱动程序的装载方法分别如下:

```
Class.forName("sun.jdbc.odbc.JdbcOdbcDriver");    // JDBC-ODBC 桥接,Java 自带
Class.forName("特定的 JDBC 驱动程序类名");          // 数据库厂商提供
```

例如,加载 MySQL 驱动程序代码如下:

```
Class.forName("com.mysql.cj.jdbc.Driver");
```

但如果直接这样运行程序,则会抛出如下 ClassNotFoundException 异常:

```
java.lang.ClassNotFoundException: com.mysql.cj.jdbc.Driver
```

这是因为程序无法找到 MySQL 驱动程序 com.mysql.cj.jdbc.Driver 类,此时需要配置当前项目的类路径(Classpath),类路径通常会使用.jar 文件。所以运行加载 MySQL 驱动程序代码时应该在类路径中包含 MySQL 驱动程序所在的.jar 文件。

💡提示：一般在发布 Java 文件时，会把字节码文件（class 文件）打包成.jar 文件。.jar 文件是一种基于.zip 结构的压缩文件，与 mysql-8.0 数据库配套的 MySQL 驱动程序文件为 mysql-connector-java-8.0.20.jar，可以在本书配套代码中找到。

配置 IntelliJ IDEA 项目的类路径（Classpath）步骤如下。

（1）将驱动程序文件 mysql-connector-java-8.0.20.jar 复制到 IntelliJ IDEA 项目的根目录下，如图 16-17 所示。

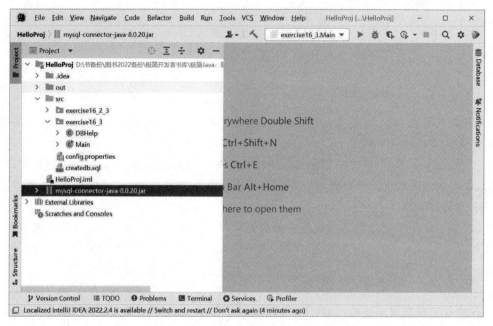

图 16-17　复制驱动程序文件

（2）配置当前项目的类路径。在 IntelliJ IDEA 项目中右击驱动程序文件 mysql-connector-java-8.0.20.jar→Add as Library，将弹出如图 16-18 所示的 Create Library 对话框，单击 OK 按钮就可以将.jar 文件添加到类路径下了。

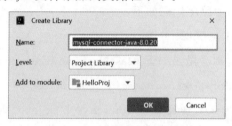

图 16-18　Create Library 对话框

将驱动程序.jar 文件添加到类路径下后，再运行上面的程序，看看是否还有 ClassNotFoundException 异常。

微课视频

### 16.2.3　建立数据连接

驱动程序加载成功后就可以进行数据库连接了。建立数据库连接可以通过调用DriverManager 类的 getConnection()方法实现。该方法有如下几个重载版本：

（1）static Connection getConnection(String url)：尝试通过一个 URL 建立数据库连接。调用此方法时，DriverManager 会试图从已注册的驱动中选择恰当的建立连接。

（2）static Connection getConnection(String url,Properties info)：尝试通过一个 URL建立数据库连接。一些连接参数（如 user 和 password)可以按照键-值对的形式放置到 info中；Properties 类是 Hashtable 的子类，它是一种 Map 结构。

（3）static Connection getConnection(String url,String user,String password)：尝试通过一个 URL 建立数据库连接，指定数据库用户名和密码。

上面几个 getConnection()方法都会抛出 SQLException 异常，注意处理这个异常。

JDBC 中的 URL 类似于其他场合的 URL,其语法如下：

jdbc:< subprotocol >:< subname >

这里有 3 个部分，之间用冒号隔开。

（1）协议：jdbc 表示协议，它是唯一的，JDBC 只有这一种协议。

（2）子协议：主要用于识别数据库驱动程序，也就是说，不同的数据库驱动程序的子协议不同。

（3）子名：它属于专门的驱动程序，不同的专有驱动程序可以采用不同的实现。

对于不同的数据库，厂商提供的驱动程序和连接的 URL 都不同，如表 16-1 所示。

表 16-1　不同数据库的驱动程序和连接的 URL

| 数 据 库 名 | 驱 动 程 序 | URL |
| --- | --- | --- |
| MS SQL Server | com. microsoft. jdbc. sqlserver. SQLServerDriver | jdbc:microsoft:sqlserver://[ip]:[port]; user=[user]; password=[password] |
| JDBC-ODBC | sun. jdbc. odbc. JdbcOdbcDriver | jdbc:odbc:[odbcsource] |
| Oracle thin Driver | oracle. jdbc. driver. OracleDriver | jdbc:oracle:thin:@[ip]:[port]:[sid] |
| MySQL | com. mysql. cj. jdbc. Driver | jdbc:mysql://ip/database |

建立数据连接示例代码如下：

```
package exercise16_2_3;

import java.sql.Connection;
import java.sql.DriverManager;
import java.sql.SQLException;

//16.2.3 建立数据连接
public class Main {

    public static void main(String args[]) {
```

```
        try {
            Class.forName("com.mysql.cj.jdbc.Driver");
            System.out.println("驱动程序加载成功…");

        } catch (ClassNotFoundException e) {
            System.out.println("驱动程序加载失败…");
            // 退出
            return;
        }
        //
        String url = "jdbc:mysql://localhost:3306/scott_db?serverTimezone = UTC&useUnicode =
    true&characterEncoding = utf - 8";
        String user = "root";
        String password = "12345";

        try (Connection conn = DriverManager.getConnection(url, user, password)) {
            System.out.println("数据库连接成功!");
        } catch (SQLException e) {
            e.printStackTrace();
        }


    }


}
```

上述代码中的 url 是设置数据库连接的 URL。事实上，表 16-1 所示的 URL 后面还可以跟有很多参数，就是在 URL 后面加上"?"，"?"之后的参数与 URL 的参数是类似的。本例中的参数 serverTimezone＝UTC 用于设置服务器时区，其中 UTC 是协调世界时。注意，在目前的 MySQL 8 版本数据库中，serverTimezone＝UTC 参数不可以省略，否则会发生运行期错误。

---

💡 提示：如果程序与 MySQL 数据库交互时出现中文乱码问题，可以在 URL 后添加 useUnicode 和 characterEncoding 参数。

"jdbc:mysql://localhost:3306/scott_db?serverTimezone = UTC&useUnicode = true&characterEncoding = utf - 8"

或

"jdbc:mysql://localhost:3306/scott_db?serverTimezone = UTC&useUnicode = true&characterEncoding = gbk"

---

💡 注意：Connection 对象代表的数据连接不能被 JVM 的垃圾收集器回收，在使用完连接后必须关闭（调用 close()方法），否则连接会保持一段较长的时间，直到超时。Java 7 之前的版本都在 finally 模块中关闭数据库连接；Java 7 之后的版本中，Connection 接口继承了 AutoCloseable 接口，可以通过自动资源管理技术释放资源。

---

数据库用户名和密码事实上可以放到 URL 的参数中，所以有时 URL 参数字符串会很长，维护起来不方便，可以把这些参数对放置到 Properties 文件中。

---

💡提示：Properties 文件是属性文件，属性文件是基于键-值对的文本文件。Java 提供了一套 API，便于访问属性文件。由于是文本文件，方便通过记事本等文本编辑工具修改。属性文件与 Java 源代码文件一起管理，应该把它放到源代码目录下，如图 16-19 所示。

---

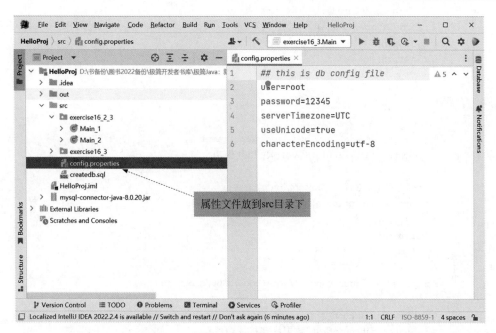

图 16-19　属性文件放到 src（源代码）目录下

但是上述代码还是有不尽如人意的地方，就是这些参数都是固定编写在程序代码中的，程序编译之后不能修改。但是数据库用户名、密码、服务器主机名、端口等在开发阶段和部署阶段可能完全不同，这些参数信息应该可配置，可以放到一个属性文件中，以便在运行时借助于输入流将属性文件内容读取到 Properties 对象中。示例代码如下：

```
package exercise16_2_3;

import java.io.IOException;
import java.io.InputStream;
import java.sql.Connection;
import java.sql.DriverManager;
import java.sql.SQLException;
import java.util.Properties;

//16.2.3 建立数据连接
//使用属性文件
```

```java
public class Main_2 {

    public static void main(String args[]) {

        Properties info = new Properties();
        InputStream input = Main_2.class.getClassLoader()
                .getResourceAsStream("config.properties");                    ①
        try {
            info.load(input);
        } catch (IOException e) {
            // 退出
            return;
        }


        try {
            Class.forName("com.mysql.cj.jdbc.Driver");
            System.out.println("驱动程序加载成功...");

        } catch (ClassNotFoundException e) {
            System.out.println("驱动程序加载失败...");
            // 退出
            return;
        }
        //
        String url = "jdbc:mysql://localhost:3306/scott_db";

        try (Connection conn = DriverManager.getConnection(url, info)) {      ②
            System.out.println("数据库连接成功!");
        } catch (SQLException e) {
            e.printStackTrace();
        }

    }

}
```

属性文件一般在 src 目录下，与源代码文件放置在一起，但是编译时，这些文件会被复制到字节码文件所在的目录下，这种目录称为资源目录。代码第①行通过 Java 反射机制获得运行时 onfig.properties 的文件输入流对象。代码第②行使用 getConnection(String url，Properties info)方法获得，数据库连接，注意它的第三个参数属性文件。

---

💡提示：不仅是用户名和密码，URL 中所有"?"之后的都是参数，都可以放到属性文件中。

---

## 16.2.4　三个重要接口

微课视频

下面重点介绍 JDBC API 中最重要的三个接口：Connection、Statement 和 ResultSet。

1. Connection 接口

java. sql. Connection 接口的实现对象代表与数据库的连接，也就是在 Java 程序和数据库之间建立连接。Connection 接口中的常用方法如下：

（1）Statement createStatement()：创建一个语句对象，用于将 SQL 语句发送到数据库。

（2）PreparedStatement prepareStatement(String sql)：创建一个预编译的语句对象，用于将参数化的 SQL 语句发送到数据库，参数包含一个或多个问号"?"占位符。

（3）CallableStatement prepareCall(String sql)：创建一个调用存储过程的语句对象，参数是调用的存储过程，参数包含一个或多个问号"?"占位符。

（4）close()：关闭到数据库的连接。在使用完连接后必须关闭，否则连接会保持一段较长的时间，直到超时。

（5）isClosed()：判断连接是否已经关闭。

2. Statement 接口

Statement 称为语句对象，它提供用于向数据库发出的 SQL 语句，并给出访问结果。Connection 接口提供了生成 Statement 对象的方法，一般情况下通过 connection. createStatement()方法就可以得到 Statement 对象。Statement 对象有以下几种：

（1）java. sql. Statement：语句对象。

（2）java. sql. PreparedStatement：预编译的语句对象，继承自 java. sql. Statement。

（3）java. sql. CallableStatement：调用存储过程的语句对象，继承自 java. sql. PreparedStatement。

---

💡提示：预编译 SQL 语句在程序编译时一起进行编译，这样的语句在数据库中执行时不需要编译过程，可直接执行，所以速度很快。在预编译 SQL 语句时会遇到一些程序执行时才能确定的参数，这些参数应先采用"?"占位符替代，直到运行时再用实际参数替换。

---

Statement 接口提供了许多方法，常用方法如下：

（1）executeQuery()：运行查询语句，返回 ResultSet 对象。

（2）executeUpdate()：运行更新操作，返回更新的行数。

（3）close()：关闭语句对象。

（4）isClosed()：判断语句对象是否已经关闭。

Statement 对象用于执行不带参数的简单 SQL 语句，它的典型使用方式如下：

```
Connection conn = DriverManager.getConnection("jdbc:odbc:accessdb", "admin", "admin");
Statement stmt = conn.createStatement();
ResultSet rst = stmt.executeQuery("select userid, name from user");
```

PreparedStatement 对象用于执行带参数的预编译 SQL 语句，它的典型使用方式如下：

```
Connection conn = DriverManager.getConnection("jdbc:odbc:accessdb", "admin", "admin");
PreparedStatement pstmt = conn.prepareStatement("insert into user values(?,?)");
pstmt.setInt(1,10);              // 绑定第一个参数
pstmt.setString(2,"guan");       // 绑定第二个参数
pstmt.executeUpdate();           // 执行 SQL 语句
```

上述 SQL 语句中的"insert into user values(?,?)"在 Java 源程序编译时一起编译,两个问号占位符所代表的参数在运行时绑定。

> 💡注意：绑定参数时需要注意两个问题：绑定参数顺序和绑定参数的类型。绑定参数索引是从 1 开始的,而不是从 0 开始的。应根据绑定参数的类型选择对应的 set 方法。

CallableStatement 对象用于执行对数据库已存储过程的调用,它的典型使用方式如下：

```
Connection conn = DriverManager.getConnection("jdbc:odbc:accessdb", "admin", "admin");
strSQL = "{call proc_userinfo(?,?)}";
java.sql.CallableStatement sqlStmt = conn.prepaleCall(strSQL);
sqlStmt.setString(1,"tony");
sqIStmt.setString(2,"tom");
//执行存储过程
int i = sqlStmt.exeCuteUpdate();
```

3. ResultSet 接口

在 Statement 对象执行 SQL 语句时,如果是 select 语句,则会返回结果集,结果集通过接口 java.sql.ResultSet 描述,它提供了逐行访问结果集的方法,通过该方法能够访问结果集中不同字段的内容。

ResultSet 提供了检索不同类型字段的方法,常用方法如下：

(1) close()：关闭结果集对象。

(2) isClosed()：判断结果集对象是否已经关闭。

(3) next()：将结果集的光标从当前位置向后移一行。

(4) getString()：获得数据库中 char 或 varchar 等字符串类型的数据,返回值类型是 String。

(5) getFloat()：获得数据库中浮点类型的数据,返回值类型是 float。

(6) getDouble()：获得数据库中浮点类型的数据,返回值类型是 double。

(7) getDate()：获得数据库中日期类型的数据,返回值类型是 java.sql.Date。

(8) getBoolean()：获得数据库中布尔类型的数据,返回值类型是 boolean。

(9) getBlob()：获得数据库中 Blob(二进制大型对象)类型的数据,返回值类型是 Blob。

(10) getClob()：获得数据库中 Clob(字符串大型对象)类型的数据,返回值类型是 Clob。

这些方法要求有列名或列索引,如 getString()方法的两种情况如下：

```
public String getString(int columnlndex) throws SQLException
public String getString(String columnName) throws SQLException
```

方法 getXXX 提供了获取当前行中某列值的途径,在每一行内,可按任意顺序获取列

值。使用列索引有时会比较麻烦,因为列索引的顺序是 select 语句中的顺序,而每个人写的 select 语句中的列索引顺序可能有所不同。例如:

```
select * from user
select userid, name from user
select name,userid from user
```

> 💡 注意:列索引是从 1 开始的,而不是从 0 开始的。这个顺序与 select 语句有关,如果 select 语句使用"＊",则返回所有字段,如 select ＊ from user 语句,那么列索引是数据表中 字段的顺序;如果 select 语句指定具体字段,如 select userid,name from user 或 select name, userid from user,那么列索引是 select 语句指定字段的顺序。

ResultSet 接口示例代码如下:

```
//HelloWorldWithPropFile.java 文件
...
String url = "jdbc:mysql://localhost:3306/scott_db";

try ( // 自动资源管理技术释放资源
        Connection conn = DriverManager.getConnection(url, info);
        Statement stmt = conn.createStatement();
        ResultSet rst = stmt.executeQuery("select name,userid from user")) {

    while (rst.next()) {
        System.out.printf("name: % s   id: % d\n", rst.getString("name"), rst.getInt(2));
    }

} catch (SQLException e) {
    e.printStackTrace();
}
```

从上述代码可见,Connection 对象、Statement 对象和 ResultSet 对象的释放采用自动 资源管理技术。

在遍历结果集时使用了 rst. next()方法,next()方法将结果集光标从当前位置向后移 一行。结果集光标最初位于第一行之前,第一次调用 next 方法使第一行成为当前行,第二 次调用使第二行成为当前行,依次类推。如果新的当前行有效,则返回 true;如果不存在下 一行,则返回 false。

## 16.2.5　数据库编程的一般过程

在讲解案例之前,有必要先介绍通过 JDBC 进行数据库编程的一般过程,这个过程分为 两大类:查询数据和修改数据。

1. 查询数据

查询数据就是通过 select 语句查询数据库,流程如图 16-20 所示,这个流程有七个 步骤。

微课视频

### 2. 修改数据

修改数据就是通过 Insert、Update 和 Delete 等语句修改数据库，流程如图 16-21 所示。修改数据与查询数据流程类似，也有七个步骤，但是修改数据时，如果执行 SQL 操作成功，则需要提交数据库事务；如果失败，则需要回滚数据库事务。另外，修改数据时不会返回结果集，也就不能从结果集中提取数据了。

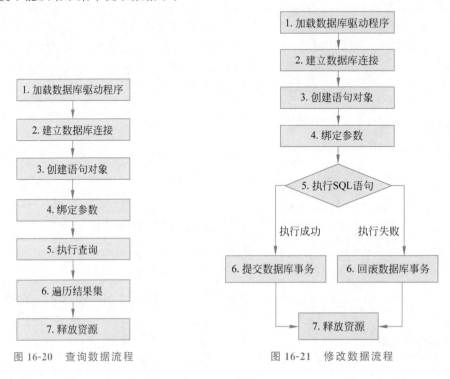

图 16-20　查询数据流程　　　　图 16-21　　修改数据流程

---

💡提示：数据库事务通常包含多个对数据库的读/写操作，这些操作是有序的。若事务被提交给了数据库管理系统，则数据库管理系统需要确保该事务中的所有操作都成功完成，结果被永久保存在数据库中。如果事务中有的操作没有成功完成，则事务中的所有操作都需要被回滚到事务执行前的状态。

---

## 16.3　案例：员工表的增、删、改、查操作

数据库增、删、改、查操作即对数据库表中数据的插入、删除、更新和查询。本节通过一个案例熟悉如何通过 Java 语言实现数据库表的增、删、改、查操作。

### 16.3.1　创建员工表

首先在 scott_db 数据库中创建员工（emp）表，员工表结构如表 16-2 所示。

微课视频

表 16-2　员工表结构

| 字　段　名 | 类　　型 | 是否可以为 Null | 主　　键 | 说　　明 |
|---|---|---|---|---|
| EMPNO | int | 否 | 是 | 员工编号 |
| ENAME | varchar(10) | 否 | 否 | 员工姓名 |
| JOB | varchar(9) | 是 | 否 | 职位 |
| HIREDATE | char(10) | 是 | 否 | 入职日期 |
| SAL | float | 是 | 否 | 工资 |
| DEPT | varchar(10) | 是 | 否 | 所在部门 |

创建员工表的数据库脚本文件 createdb.sql 内容如下：

```
-- 创建员工表

create table EMP
(
    EMPNO           int not null,     -- 员工编号
    ENAME           varchar(10),      -- 员工姓名
    JOB             varchar(9),       -- 职位
    HIREDATE        char(10),         -- 入职日期
    SAL             float,            -- 工资
    DEPT            varchar(10),      -- 所在部门
    primary key (EMPNO)
);
```

## 16.3.2　插入员工数据

微课视频

为了减少代码冗余，可以将数据库连接和关闭封装到一个数据库辅助类中，这个类命名为 DBHelp，代码如下：

```
package exercise16_3;

import java.io.IOException;
import java.io.InputStream;
import java.sql.Connection;
import java.sql.DriverManager;
import java.sql.SQLException;
import java.util.Properties;

//数据库辅助类
public class DBHelp {

    /**
     * 建立数据库连接方法
     *
     * @return 数据库连接对象
     */
    public static Connection getConnection() {           ①
        // 创建一个 Properties 对象
```

```java
        Properties info = new Properties();
        // 获得config.properties属性文件输入流对象
        InputStream input
            = Main.class.getClassLoader().getResourceAsStream("config.properties");
        try {
            // 从流中加载信息到Properties对象中
            info.load(input);
        } catch (IOException e) {
            // 退出
            return null;
        }

        try {
            Class.forName("com.mysql.cj.jdbc.Driver");
            System.out.println("驱动程序加载成功...");

        } catch (ClassNotFoundException e) {
            System.out.println("驱动程序加载失败...");
            // 退出
            return null;
        }
        // URL字符串
        String url = "jdbc:mysql://localhost:3306/scott_db";
        try {
            Connection conn = DriverManager.getConnection(url, info);          ②
            System.out.println("数据库连接成功!");
            return conn;
        } catch (SQLException e) {
            throw new RuntimeException(e);
        }
    }



    /**
     * 关闭数据库连接
     *
     * @param connection,要关闭的数据连接对象
     */
    public static void colseConnection(Connection connection) {          ③
        if (connection != null) {
            try {
                connection.close();
            } catch (SQLException e) {
                e.printStackTrace();
            }
        }
    }
}
```

上述代码第①行声明创建数据库连接方法。该方法是类方法,这样使用起来比较方便,

对内存的占用也比较少。该方法返回值是 Connection 对象。

代码第②行创建数据库连接对象。注意,这里不使用自动资源管理技术,因为这个连接对象是传递给调用者,什么时候关闭需由调用者负责,否则会导致 ConnectionIsClosedException 异常。

代码第③行声明关闭数据库连续对象。

插入数据相关代码如下:

```
package exercise16_3_2;
…
// 数据插入操作
    public static int insertData() {

        // 创建数据库连接
        Connection conn = DBHelp.getConnection();
        if (conn == null) {
            return 0;
        }
        // 准备 SQL 语句
        String sql = "INSERT INTO emp (EMPNO,ENAME,JOB,HIREDATE,SAL,DEPT) VALUES (?,?,?,?,?,?)"; ①
        // 创建语句对象
        try {
            PreparedStatement pstmt = conn.prepareStatement(sql);
            // 绑定参数
            pstmt.setInt(1, 8000);
            pstmt.setString(2, "刘备");
            pstmt.setString(3, "经理");
            pstmt.setString(4, "1981-2-20");
            pstmt.setFloat(5, 16000);
            pstmt.setString(6, "总经理办公室");

            // 执行 SQL 语句
            int affectedRows = pstmt.executeUpdate()
            // 提交数据库事务,如果设置了数据库自动提交,则以下语句可以省略
            // conn.commit();                                              ②
            // 返回成功插入的数据的行数
            return affectedRows;;
        } catch (SQLException e) {
            // 回滚数据库事务,如果设置了数据库自动提交,则以下语句可以省略
            // conn.rollback();                                            ③
            System.out.printf("插入数据失败!");
            e.printStackTrace();
        } finally {
            // 释放资源
            DBHelp.colseConnection(conn);                                 ④
        }
        return 0;

    }
}
…
```

上述代码第①行中的"?"表示 SQL 语句占位符，运行时用实际的参数替换。执行 SQL 语句时，需要为占位符绑定实际参数。

代码第②行提交数据库事务，如果数据库设置了自动事务提交，则这条语句需要省略。

代码第③行回滚数据库事务，同样道理，如果数据库设置了自动提交数据库事务，那么这条语句需要省略。

代码第④行调用 DBHelp. colseConnection(conn) 方法关闭数据库连接释放资源，这是因为在 DBHelp 类中创建数据库连接对象，没有使用自动资源管理技术。

微课视频

### 16.3.3 更新员工数据

更新数据与插入数据类似，区别只是 SQL 语句不同。更新数据相关代码如下：

```
package exercise16_3_3;

…
    // 数据更新操作
    public static int updateData() {

        // 创建数据库连接
        Connection conn = DBHelp.getConnection();
        if (conn == null) {
            return 0;
        }
        // 准备 SQL 语句
        String sql = "UPDATE emp SET ENAME = ?, JOB = ?, HIREDATE = ?, SAL = ?, DEPT = ? WHERE
EMPNO = ?";
        // 创建语句对象
        try {
            PreparedStatement pstmt = conn.prepareStatement(sql);
            // 绑定参数
            pstmt.setString(1, "诸葛亮");
            pstmt.setString(2, "军师");
            pstmt.setString(3, "1981 - 5 - 20");
            pstmt.setFloat(4, 8600);
            pstmt.setString(5, "参谋部");
            pstmt.setInt(6, 8000);

            // 执行 SQL 语句
            int affectedRows = pstmt.executeUpdate();
            // 提交数据库事务,如果设置了数据库自动提交,则以下语句可以省略
            // conn.commit();
            // 返回成功插入的数据的行数
            return affectedRows;
        } catch (SQLException e) {
            // 回滚数据库事务,如果设置了数据库自动提交,则以下语句可以省略
            // conn.rollback();
            System.out.printf("更新数据失败!");
            e.printStackTrace();
```

```
    } finally {
        // 释放资源
        DBHelp.colseConnection(conn);
    }
    return 0;
    }
}
```

...

与插入数据代码相比较,更新数据代码只是 SQL 语句不同而已,当然绑定参数也不同。

## 16.3.4　删除员工数据

微课视频

删除员工数据也与更新数据和插入数据类似,只是 SQL 语句不同。删除数据相关代码
如下:

```
package exercise16_3_4;
```

...

```java
        // 数据删除操作
        public static int deleteData() {

            // 创建数据库连接
            Connection conn = DBHelp.getConnection();
            if (conn == null) {
                return 0;
            }
            // 准备 SQL 语句
            String sql = "DELETE FROM emp WHERE EMPNO = ?";
            // 创建语句对象
            try {
                PreparedStatement pstmt = conn.prepareStatement(sql);
                // 绑定参数
                pstmt.setInt(1, 8000);

                // 执行 SQL 语句
                int affectedRows = pstmt.executeUpdate();
                // 提交数据库事务,如果设置了数据库自动提交,则以下语句可以省略
                // conn.commit();
                // 返回成功插入的数据的行数
                return affectedRows;
            } catch (SQLException e) {
                // 回滚数据库事务,如果设置了数据库自动提交,则以下语句可以省略
                // conn.rollback();
                System.out.printf("删除数据失败!");
                e.printStackTrace();
            } finally {
                // 释放资源
```

```
                DBHelp.colseConnection(conn);
        }
        return 0;
    }
}
```

…

与更新数据和插入数据相比较，删除数据代码只是 SQL 语句不同而已，当然绑定参数
也不同。

微课视频

### 16.3.5　查询所有员工数据

与插入数据、删除数据和更新数据有所不同，查询数据使用 executeQuery()方法，该方
法返回的是结果集 ResultSet 对象，然后还需要遍历结果集。查询所有数据相关代码如下：

```java
package exercise16_3_5;

…

// 查询所有员工数据
public static void findAll() {

    // 创建数据库连接
    Connection conn = DBHelp.getConnection();
    if (conn == null) {
        return;
    }
    // 准备 SQL 语句
    String sql = "SELECT EMPNO,ENAME,JOB,HIREDATE,SAL,DEPT FROM emp";
    // 创建语句对象
    try {
        PreparedStatement pstmt = conn.prepareStatement(sql);
        // 执行 SQL 语句
        ResultSet rs = pstmt.executeQuery();
        // 遍历结果集
        while (rs.next()) {                                              ①
            System.out.printf("员工编号:%s,员工姓名:%s,%s,%s,%s,%s.%n",
                    rs.getInt(1),
                    rs.getString(2),
                    rs.getString(3),
                    rs.getString(4),
                    rs.getFloat(5),
                    rs.getString(6));                                    ②
        }

    } catch (SQLException e) {
        System.out.printf("查询数据失败!");
        e.printStackTrace();
```

```
    } finally {
        // 释放资源
        DBHelp.colseConnection(conn);
    }
}
```

代码第①行通过 while 循环遍历结果集 rs 对象,rs.next()方法可以移动结果集指针并判断是否有数据。

代码第②行通过结果集的 getXXX()方法提取字段数据。

## 16.3.6　按照主键查询员工数据

下面实现一个有条件查询的示例,该示例通过员工编号(主键)进行查询,按照主键查询员工数据,相关代码如下:

微课视频

```
package exercise16_3_6;

…

/**
 * 按照主键查询员工数据
 * @param id 员工主键
 */
public static void findById(int id) {

    //创建数据库连接
    Connection conn = DBHelp.getConnection();
    if (conn == null) {
        return;
    }
    // 准备 SQL 语句
    String sql = "SELECT EMPNO,ENAME,JOB,HIREDATE,SAL,DEPT FROM emp WHERE EMPNO = ?";
    // 创建语句对象
    try {
        PreparedStatement pstmt = conn.prepareStatement(sql);
        // 绑定参数
        pstmt.setInt(1, id); // 绑定主键参数
        // 执行 SQL 语句
        ResultSet rs = pstmt.executeQuery();
        // 遍历结果集
        if (rs.next()) {
            System.out.printf("员工编号:%s,员工姓名:%s,%s,%s,%s,%s.%n",
                    rs.getInt(1),
                    rs.getString(2),
                    rs.getString(3),
                    rs.getString(4),
                    rs.getFloat(5),
                    rs.getString(6));
        }
```

```
    } catch (SQLException e) {
        System.out.printf("查询数据失败!");
        e.printStackTrace();
    } finally {
        // 释放资源
        DBHelp.colseConnection(conn);
    }
}
```

测试按照主键查询数据代码如下：

```
findById(7788);
```

程序运行结果如下：

```
驱动程序加载成功...
数据库连接成功!
员工编号:7788,员工姓名:SCOTT,ANALYST,1981-6-9,2350.0,人力资源部。
```

## 16.4　动手练一练

**编程题**

（1）设计一个 JSON 件，再设计一个数据库表，表结构与 JSON 结构一致。编写程序读取 JSON 文件内容，并将数据插入数据库表中。

（2）编写程序从数据库的表中查询数据，并显示在一个 Swing 的 JTable 组件上。

# 附录 A

# 动手练一练参考答案

第 1 章　编写第一个 Java 程序

编程题

（1）答案（省略）　　　　　　　　　　（2）答案（省略）

第 2 章　Java 基本语法

1．选择题

（1）答案：C　　　　　　　　　　（2）答案：BCDE

2．判断题

（1）答案：错　　　　　　　　　　（2）答案：错

第 3 章　Java 数据类型

选择题

（1）答案：D　　　　　　　　　　（2）答案：A

（3）答案：C　　　　　　　　　　（4）答案：BC

第 4 章　运算符

选择题

（1）答案：B　　　　　　　　　　（2）答案：C

（3）答案：A　　　　　　　　　　（4）答案：BC

第 5 章　条件语句

1．选择题

（1）答案：ABCD　　　　　　　　　　（2）答案：B

2．判断题

（1）答案：错　　　　　　　　　　（2）答案：对

（3）答案：错

第 6 章　循环语句

选择题

（1）答案：B　　　　　　　　　　（2）答案：B

（3）答案：D　　　　　　　　　　（4）答案：ADE

（5）答案：CD

### 第7章 面向对象基础

1. 选择题

（1）答案：D

（2）答案：CD

（3）答案：ACD

（4）答案：AD

（5）答案：BCD

2. 判断题

答案：对

### 第8章 面向对象进阶

1. 选择题

（1）答案：AD

（2）答案：C

（3）答案：D

（4）答案：D

（5）答案：AB

2. 判断题

答案：对

### 第9章 常用类

1. 选择题

（1）答案：BCD

（2）答案：ABC

2. 判断题

（1）答案：对

（2）答案：错

### 第10章 Java 集合框架

1. 选择题

答案：B

2. 判断题

（1）答案：对

（2）答案：对

（3）答案：对

（4）答案：对

（5）答案：错

### 第11章 Java 异常处理机制

选择题

（1）答案：BCD

（2）答案：C

（3）答案：C

（4）答案：B

（5）答案：B

### 第12章 I/O 流

选择题

（1）答案：AC

（2）答案：C

（3）答案：BE

（4）答案：CE

第 13 章　图形界面编程

选择题

（1）答案：CD

（2）答案：ABC

（3）答案：C

（4）答案：A

第 14 章　多线程开发

选择题

（1）答案：AD

（2）答案：A

（3）答案：D

（4）答案：B

第 15 章　网络编程

编程题

（1）答案（省略）

（2）答案（省略）

第 16 章　MySQL 数据库编程

编程题

（1）答案（省略）

（2）答案（省略）